iOS
自动化测试实战
基于Appium、Python与Pytest

Storm　程立◎编著

人民邮电出版社
北　京

图书在版编目（CIP）数据

iOS自动化测试实战：基于Appium、Python与Pytest / Storm，程立编著. -- 北京：人民邮电出版社，2025.6
ISBN 978-7-115-64257-8

Ⅰ. ①i… Ⅱ. ①S… ②程… Ⅲ. ①移动终端－应用程序－程序设计 Ⅳ. ①TN929.53

中国国家版本馆CIP数据核字(2024)第080463号

内 容 提 要

本书主要介绍 iOS 自动化测试的相关内容。本书首先介绍 iOS 基础知识；接着介绍测试环境部署、Appium 基本操作和 Appium 终端操作，为读者学习后面的知识打下基础；然后介绍 Appium 中的元素定位、元素操作、高级操作、等待机制；最后讲述 Pytest 测试框架、项目实战、项目代码优化、自动化测试框架开发等。

本书适合测试人员和开发人员阅读。

◆ 编　著　Storm　程　立
　责任编辑　谢晓芳
　责任印制　陈　犇

◆ 人民邮电出版社出版发行　北京市丰台区成寿寺路 11 号
　邮编　100164　电子邮件　315@ptpress.com.cn
　网址　https://www.ptpress.com.cn
　涿州市京南印刷厂印刷

◆ 开本：787×1092　1/16
　印张：17　　　　　　　　　　2025 年 6 月第 1 版
　字数：262 千字　　　　　　　2025 年 6 月河北第 1 次印刷

定价：89.80 元

读者服务热线：(010)81055410　印装质量热线：(010)81055316
反盗版热线：(010)81055315

序

当我翻开本书时，内心不禁涌起一股激动与自豪之情。本书不仅是我的学生杜子龙（笔名Storm）的测试经验结晶，还是他多年来在技术领域孜孜不倦探索的见证。回想起那个对技术充满热情的青年，看着他一步步成长为今天的行业佼佼者，我由衷地为他感到骄傲。

杜子龙在中南民族大学完成了信息管理与信息系统专业的本科学业，之后在北京科技大学获得了工商管理硕士（Master of Business Administration，MBA）学位。在本科期间，杜子龙展现了对技术的深刻洞察力和扎实的专业基础。他勤奋刻苦，思维敏捷，总能迅速掌握前沿知识，并将其灵活应用于实际操作中。在本书中，他凭借丰富的经验和独到的见解，详细剖析了iOS自动化测试的很多方面。从基础概念到高级技巧，从测试框架的构建到实际项目的应用，每一章都体现了他对技术的深刻理解和精湛掌握。

本书不仅是一本技术指南，还是一部融合了实践经验的著作。它涵盖了iOS自动化测试的相关知识，为读者提供了一条清晰而系统的学习路径。在软件开发领域，自动化测试的重要性日益凸显。随着软件功能的不断复杂化，如何确保软件质量和用户体验成为我们共同面临的挑战。而自动化测试正是解决这一难题的关键所在，它不仅能显著提升测试效率，还能在持续集成与交付过程中发挥至关重要的作用。

值得一提的是，本书还详细介绍了Pytest测试框架的应用，以及如何基于Appium和Pytest开发自定义测试框架。对于希望进一步提升自动化测试水平的读者来说，这无疑是一份宝贵的财富。结合真实案例，读者能够亲身感受iOS自动化测试的全过程。此外，本书还揭示了如何编写高质量、易于维护的自动化测试代码，这对测试工程师具有极高的实用价值。

本书的出版让我看到了青年一代技术人员的担当与追求，我为有这样优秀的学生而感到自豪。2023年，中南民族大学信息管理与信息系统专业获评国家级一流专业建设点，多年来所培养的毕业生的就业率和升学率在学校各专业中名列前茅。这一切成绩的背后都离不开众多像杜子龙一样优秀的学子的辛勤耕耘和开拓进取。

我相信本书将为那些渴望深入了解iOS自动化测试的读者提供参考。在这个信息繁杂的时代，能够找到一本真正有价值的技术图书实属不易，而本书正是这样一部作品。我衷心希望每一位读者都能从本书中汲取智慧、获得成长，并在自动化测试领域取得卓越的成就。

愿每一位热爱技术的人都能在本书中找到自己的定位和发展方向。

张劲松

中南民族大学教授、博士生导师

前　言

为什么要写这本书

在完成《Python实现Web UI自动化测试实战：Selenium 3/4 + unittest/Pytest + GitLab + Jenkins》（下文简称《Python实现Web UI自动化测试实战》）一书后，不断有读者发私信问我是否能编写一本有关移动端自动化测试的图书。在和责任编辑进行初步沟通后，我做了简单的调研，得出以下结论。

第一，目前市面上有关移动端自动化测试实战的图书较少。

第二，移动端自动化测试在项目中的应用场景比较丰富。

基于以上情况，加上每当我回顾《Python实现Web UI自动化测试实战》一书时，对全书的编写思路和文字表达还有些许遗憾。外部条件成熟，内部自驱力足够，于是我决定编写本书，以讲述iOS测试的技术。

阅读本书的建议

阅读本书要求读者具备一些基本的Python知识。为了保持本书内容的紧凑性，本书不包含该部分内容。读者可通过《Python实现Web UI自动化测试实战》一书中的相关内容进行学习，也可通过其他渠道学习。

为了保证前后内容的逻辑性，本书第2章会讲解一些与iOS系统相关的基础知识，作为后续介绍自动化测试知识的铺垫。读者如果对iOS知识体系有一定了解，则可跳过第2章，直接学习后续章节。在学习本书时，请多动手，即使是非常简单的自动化测试脚本，也要动手编写，因为看懂和会写真的是两回事。同时，请将学习到的知识应用到工作中，"用学习支撑日常工作，用工作检验学习成果"是一种非常好的自我提升方式。

本书约定

为了便于读者理解本书内容，这里对书中经常出现的名词进行约定。

- 移动终端/移动设备：手机、iPad 等智能移动设备。
- Terminal：macOS 中的终端，类似于 Windows 操作系统的 DOS 命令行窗口。
- 模拟器：由 Xcode 运行的模拟器。

致谢

感谢人民邮电出版社的编辑在本书的写作和出版过程中提供的建议；感谢公司部门领导的大力支持；感谢我的家人分担了家庭中几乎所有的琐碎事务，让我有更多的时间编写本书。

Storm（杜子龙）

目　　录

第1章　概述 ... 1
1.1　当前软件测试的趋势 ... 2
1.2　为何要开展自动化测试 ... 3
1.3　为何要开展UI自动化测试 ... 4
1.4　UI自动化测试的流程 ... 6
1.4.1　需求分析 ... 6
1.4.2　方案选择 ... 7
1.4.3　环境准备 ... 8
1.4.4　系统设计 ... 9
1.4.5　编码规范确定 ... 9
1.4.6　编码 ... 11
1.5　深入思考 ... 11

第2章　iOS基础知识 ... 13
2.1　移动操作系统概览 ... 14
2.2　App的类型与区别 ... 16
2.3　iOS App测试框架概览 ... 18

第3章　测试环境部署 ... 21
3.1　辅助环境部署 ... 22
3.1.1　安装Xcode ... 22
3.1.2　安装Homebrew工具 ... 23
3.1.3　安装Node.js和NPM ... 25

3.1.4　安装libimobiledevice ... 26
3.1.5　安装Carthage ... 27
3.1.6　安装ios-deploy ... 27
3.2　编程环境部署 ... 28
3.2.1　安装Python ... 28
3.2.2　Python虚拟环境 ... 29
3.2.3　安装PyCharm ... 31
3.3　Appium环境部署 ... 35
3.3.1　安装Appium Server GUI ... 35
3.3.2　安装Appium Server ... 38
3.3.3　安装Appium-Python-Client ... 39
3.3.4　初始化WebDriverAgent ... 41
3.3.5　安装Appium Inspector ... 42
3.3.6　安装Appium-doctor ... 44
3.4　自动化测试示例项目 ... 45
3.5　测试环境及其部署总结 ... 45

第4章　Appium基本操作 ... 47
4.1　Appium的组件与工作原理 ... 48
4.1.1　Appium的组件 ... 48
4.1.2　Appium的工作原理 ... 49
4.2　Xcode基本操作 ... 53
4.2.1　Xcode模拟器的下载 ... 53

4.2.2　Xcode运行项目……………54
　　4.2.3　模拟器安装WDA……………56
4.3　Appium Desktop基本操作……………57
4.4　Appium Inspector基本操作……………60
　　4.4.1　Inspector参数设置……………61
　　4.4.2　Inspector定位元素……………62

第5章　Appium终端操作……………70
5.1　Capabilities简介……………71
5.2　第一个Appium测试脚本……………72
5.3　Appium报错与解决方案……………73
5.4　Appium终端基本操作……………74
　　5.4.1　安装App……………74
　　5.4.2　判断App是否安装……………75
　　5.4.3　将App切换到后台运行……………75
　　5.4.4　移除App……………76
　　5.4.5　激活App……………76
　　5.4.6　终止App运行……………77
　　5.4.7　获取App的运行状态……………78
　　5.4.8　获取当前窗口的宽和高……………78

第6章　Appium中的元素定位……………81
6.1　元素定位方法概览……………82
6.2　通过ACCESSIBILITY_ID定位元素……………83
6.3　通过CLASS_NAME定位元素……………84
6.4　通过IOS_CLASS_CHAIN定位元素……………85
6.5　通过IOS_PREDICATE定位元素……………86
6.6　通过XPath定位元素……………90
6.7　使用相对方式定位元素……………91
6.8　定位组元素……………91
6.9　使用坐标单击元素……………94

第7章　Appium中的元素操作……………97
7.1　元素的基本操作……………98
　　7.1.1　单击操作……………98
　　7.1.2　输入操作……………99
　　7.1.3　清除操作……………100
　　7.1.4　提交操作……………100
7.2　元素的状态判断……………101
7.3　元素的属性值获取……………102
　　7.3.1　获取元素的id……………103
　　7.3.2　获取元素的text值……………103
　　7.3.3　获取元素的位置……………104
　　7.3.4　获取元素的其他信息……………105

第8章　Appium高级操作……………107
8.1　Appium Server 1.x中的触控操作……………108
　　8.1.1　轻触坐标点……………108
　　8.1.2　轻触目标元素……………109
　　8.1.3　长按操作……………109
　　8.1.4　长按、拖动操作……………110
　　8.1.5　多点触控……………111
8.2　Appium Server 2.x中的触控操作……………112
8.3　软键盘操作……………113
8.4　屏幕滑动操作……………113
8.5　屏幕截图操作……………115
8.6　Toast定位……………118
8.7　处理NSAlert……………118

第9章　Appium等待机制……………120
9.1　影响元素加载的外部因素……………121
9.2　强制等待……………121
9.3　隐式等待……………122

9.4 显式等待 125
  9.4.1 WebDriverWait类 125
  9.4.2 WebDriverWait类提供的方法 126
  9.4.3 expected_conditions类提供的条件 127
  9.4.4 自定义等待条件 131

第10章 Pytest测试框架 133
10.1 Pytest简介 134
10.2 Pytest测试固件 136
10.3 Pytest组织测试用例和断言的方法 141
10.4 Pytest框架测试执行 142
10.5 测试用例重试 144
10.6 标记机制 146
  10.6.1 对测试用例进行分级 146
  10.6.2 跳过某些测试用例 148
10.7 全局设置 151
  10.7.1 准备测试目录 151
  10.7.2 执行全局测试 153
10.8 测试报告 154
  10.8.1 pytest-html测试报告 154
  10.8.2 Allure测试报告 156
10.9 Pytest与Appium 161
10.10 Pytest参数化 163

第11章 项目实战 165
11.1 真机环境部署 166
11.2 自动化测试用例开发 167
  11.2.1 测试用例设计 167
  11.2.2 测试用例代码实现 169

11.2.3 测试用例执行 176
11.3 代码分析 177

第12章 项目代码优化 179
12.1 提高测试用例的灵活性 180
  12.1.1 YAML 180
  12.1.2 YAML文件操作 182
  12.1.3 配置数据和代码的分离 185
12.2 减少代码冗余 191
  12.2.1 conftest.py 191
  12.2.2 前置、后置代码的分离 195
12.3 提高测试用例的可扩展性 197
  12.3.1 CSV文件 198
  12.3.2 CSV文件操作 198
  12.3.3 测试数据和代码的分离 200
12.4 提高测试用例的可维护性 201
  12.4.1 页面对象实践 202
  12.4.2 "危机"应对 211
  12.4.3 新增的缺点 217

第13章 自动化测试框架开发 219
13.1 自动化测试框架设计 220
13.2 优化目录层级 221
  13.2.1 Python的os模块 221
  13.2.2 调整模块引用 223
13.3 增加日志信息 225
  13.3.1 日志概述 225
  13.3.2 logging的用法 226
  13.3.3 给测试用例添加日志 229
13.4 添加失败截图功能 236
13.5 添加显式等待功能 237

第14章 与君共勉 ································ 244
14.1 测试数据 ······························· 245
14.1.1 测试数据准备 ················ 245
14.1.2 冗余数据处理 ················ 246
14.2 提升效率 ······························· 247
14.3 模拟器与真机的异同 ··············· 248
附录A App的相关知识 ················· 250
附录B 元素定位工具 ····················· 251
附录C iOS可用的Capabilities ·········· 252
附录D 常用运算符 ························ 254
附录E IOS_PREDICATE定位方式扩展 ··· 255
附录F XPath的相关知识 ················· 257
附录G 常用元素的类型及属性 ········· 259
附录H 在macOS设备中安装Java ······ 260

第1章 概述

在当今的大环境下，作为人与移动终端之间的桥梁，App 发挥着至关重要的作用。随着软件工程实践的发展，"质效合一"被奉为圭臬，人们总在追求用更少的人力、物力、财力，达到使工作质量更高的目的，于是提升工作效率变得至关重要。在软件开发生命周期中，不同角色承担不同任务，但只有使它们实现极致的融合，方能突破局限，不断提升工作效率。在软件开发过程中，测试人员需要承担越来越繁重的工作，扮演越来越重要的角色。

1.1 当前软件测试的趋势

身处软件开发行业的人们或多或少都听说过 DevOps、微服务架构和自动化测试。这三者旨在提升项目或产品的交付效率，最终提升产品的竞争力。

DevOps 是一套实践方法论，它提倡打破原有组织和限制，让职能团队拥抱和接受 DevOps 所倡导的高度协同，以及开发、测试、运维与交付一体化的思维。随着 DevOps 和敏捷的热度不断提升，无论是互联网企业还是传统企业都开始拥抱敏捷，实践 DevOps。作为 DevOps 的最佳实践，持续集成（Continuous Integration，CI）、持续交付（Continuous Delivery，CD）越来越受到重视。图 1-1 所示为 DevOps 的流程。

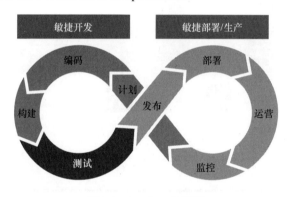

图 1-1 DevOps 的流程

微服务架构（microservice architecture）起源于 DevOps 意识形态和工程实践。微服务架构带来了一系列好处，例如可部署性的简化、可靠性和可用性的提升等。虽然原则上可以使用任何架构来实践 DevOps，但是微服务架构正在成为构建持续部署系统的标准软件架构。由于每项服务的规模都很小，因此微服务架构不仅允许通过连续重构来形成单个服务的体系结构，从而降低对大型项目前期设计的要求，还允许尽早发布软件并且实现持续交付。微服务架构和 DevOps 是天然的共同体，两者共同推进了软件开发行业的变革。

微服务架构在解决软件大小、软件开发规模等问题的同时也带来了一些新的问题，如微服务数量增多、服务间调用关系复杂等。复杂的依赖导致即使是项目资深开发人员也很难全面梳理出所有服务之间的关系。微服务和传统的单体应用在测试策略上有一些不太相同的地方。简单来说，在微服务架构中，测试的层次变得更多，需要测试的服务和应用的数量也会呈指数级增长。手动执行所有的测试是低效的，无法满足互联网快速迭代的要求。这时就需要引入自动化测试来减轻测试团队的压力，提高测试效率和测试质量。

随着敏捷和微服务架构的引入，持续集成和持续交付成为构建和部署项目的标准，即使在没有采用微服务架构的项目中也是如此。为了保证已定义的流程和事务按照预期运行，测试必不可少。而在应对现代软件产品频繁的变化和发布时，传统的手动测试方式在人力和效率上都存在严重不足，因此自动化测试就成为现代软件开发过程中的一个关键环节。自动化测试是打通持续集成和持续交付的核心环节，没有有效的自动化测试作为保障，持续集成和持续交付就变成了空壳。

1.2 为何要开展自动化测试

自动化测试是用程序代替人的手动操作，完成一系列测试的过程。使用自动化测试工具能自动打开目标程序，自动执行测试用例，自动比较实际结果与预期结果是否一致。

在手动测试有一定实用性的情况下，为何要开展自动化测试呢？客观来讲，原因在于以下两点。

- 懒，不想重复做。
- 难，手动做不了。

而映射到实际的测试工作中，具体表现如下。

- 手动测试工作量巨大。
- 手动测试包含大量重复的操作。
- 手动测试的某些环节包含一些不具有智力创造性的活动。
- 手动测试无法确保多次执行的一致性。
- 人需要休息，而理论上，机器可不停运作。

自动化测试的优点大致可以总结为以下几点。

- 自动化测试能执行更多、更频繁的测试。
- 自动化测试能执行一些手动测试难以完成的测试。
- 自动化测试能更好地利用资源，例如，在晚上或周末利用空闲的设备执行自动化测试。
- 自动化测试让测试人员在测试用例设计上投入更多的精力，从而提高测试的准确性。
- 自动化测试具有一致性的特点，能够保证测试更客观，从而提高软件的信任度。

1.3 为何要开展 UI 自动化测试

测试按照不同的维度可以进行多种分类，例如，按测试是否采用手动方式执行，可划分为手动测试和自动化测试；按照质量特性，可划分为功能测试、性能测试、安全测试等。这里展示了马丁·福勒（Martin Fowler）按照层级方式对测试进行的分类，即常见的测试金字塔模型，如图 1-2 所示。

图 1-2 马丁·福勒的测试金字塔模型

马丁·福勒的测试金字塔模型将测试分为单元测试、服务测试和 UI（User Interface，用户界面）测试 3 个层级。在测试行业的发展历程中，也出现了一些重新定义金字塔分层的测试模型，尽管大家对此的具体描述不尽相同（有人将 3 个层级分别定义为单元测试、接口测试、集成测试，也有人将整个金字塔划分为 4 或 5 个层级），但金字塔自下向上的结构是大家公认的。

这里简单介绍 3 个层级测试的概念。

单元测试指对软件中最小的可测试单元进行检查和验证，调用被测服务的类或方法，根据类或方法的参数，传入相应的数据，返回一个结果，最终断言返回的结果是否符合预期：如果符合预期，则测试通过；如果不符合预期，则测试失败。所以，单元测试关注的是代码的实现与逻辑。单元测试是最基本的测试，也是测试中的最小单元；它的对象是函数，它可以包含输入/输出，针对的是函数的功能或者函数内部的代码逻辑，并不包含业务逻辑。该类测试一般由开发人员完成，需要借助单元测试框架，如 Java 的 JUnit、TestNG，Python 的 unittest、Pytest 等。

接口测试主要用于验证模块间的调用和返回，以及不同系统、服务间的数据交换。接口测试一般在业务逻辑层进行。它根据接口文档是 REST（Representational State Transfer，描述性状态迁移）风格还是 RPC（Remote Procedure Call，远程过程调用）风格来选择调用被测试的接口，构造相应的请求数据，发送请求，得到返回结果，判断测试是否通过。不管输入的参数是怎样的，我们都将得到一个结果，最终断言返回的结果是否等于预期结果：如果等于预期结果，则测试通过；如果不等于预期结果，则测试失败。所以，接口测试关注的是数据。只要数据正确了，接口的功能就实现了一大半，剩下的就是如何把这些数据展示在页面上。常见的接口测试工具有 Postman、JMeter、Python Requests 等。

UI 层是用户使用产品的入口，所有功能都通过这一层提供给用户，目前测试工作大多集中在这一层。UI 测试更贴近用户的行为。测试人员通过模拟用户单击某个按钮或在文本框里输入某些字符来验证功能实现的完整性、正确性。

基于测试金字塔模型，自动化测试逐步细分为单元自动化测试、接口自动化测试和 UI 自动化测试。既然自动化测试可以在不同层级开展，那么应该选择使用哪种自动化测试呢？

每种自动化测试都有自己的侧重和优劣势，很难说哪种自动化测试具有绝对的优势，各种自动化测试的占比也很难一概而论。如果要在团队或项目中推进自动化测试工作，我们应该如何制定相对合理的自动化测试策略呢？让我们看一看图 1-3。

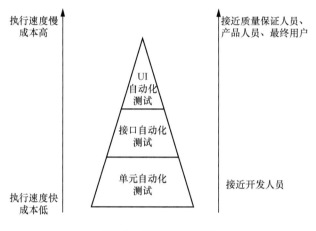

图 1-3　自动化测试分层

图 1-3 透露了以下信息。

- 越往上（UI 自动化测试），测试执行速度越慢；越往下（单元自动化测试），测试执行速度越快。
- 越往上，测试成本越高（需要更多的执行时间，且在测试用例执行失败时，获得的信息越模糊，越难跟踪）；越往下，测试成本越低。
- 越往上，越接近质量保证人员、产品人员、最终用户；越往下，越接近开发人员。
- 越往上，业务属性越强；越往下，技术属性越强。

由测试金字塔模型和投资收益率（Return on Investment，ROI）我们得知，层级越靠下，投资收益率越高。所以，一个成熟的团队应该大量使用单元自动化测试和接口自动化测试来覆盖产品提供的基本逻辑和功能的验证，使用少量的 UI 自动化测试来进行前端界面的功能验证。

虽然在 UI 自动化测试上不应该过多投入，但是限于企业发展现状、项目类型、测试人员技能储备等因素，UI 自动化测试是众多项目团队最先开展且见效最快的一种测试。另外，UI 自动化测试还具备单元自动化测试和接口自动化测试不具备的优势。例如，单元自动化测试能验证代码处理的正确性,接口自动化测试能验证数据返回的正确性,但是前端(Web 端或 App 端)结果展示是否正确只能依靠 UI 自动化测试来验证。所以,单元自动化测试、接口自动化测试和 UI 自动化测试不是非此即彼的关系,它们有各自擅长的领域,切勿形成下层优于上层的错误观念。

1.4 UI 自动化测试的流程

在 1.3 节我们已了解了开展 UI 自动化测试的必要性。本节介绍 UI 自动化测试的流程。

1.4.1 需求分析

如果测试的需求明确且细致,我们只需按照指定的思路去执行自动化测试工作即可。不过更多的时候,测试的需求并不明确。这里提醒大家,要避免盲目开展自动化测试,以避免出现自动化测试脚本始终跟不上 UI 的调整速度,自动化测试脚本无法成功执行、名存实亡的情况。在开展自动化测试前,要评估并确定哪些场景或哪些系统模块相对稳定,适合开展自动化测试;或者说要明确不同场景或者系统模块在实现自动化测试后,能给我们带来多少收益。

如果需求不明确,贸然开展工作,就会导致经理费心,组员费力,领导不满。为了避免这种情况,我们要在开展工作前,深入了解客户的需求,纠正不恰当的预期,和客户就目标达成一致。

各位或多或少都遇到过以下场景。

- 团队中开发人员提交的测试版本质量很差,甚至经常出现业务主流程无法顺利执行的情况。开发人员频繁提交、部署测试版本,测试人员一遍遍地进行冒烟测试(准入测试),测试人员成了糟糕版本质量的买单人。
- 每个版本上线前,项目团队会安排一轮验收测试(终验),在进行验收测试时,不仅要重点验证新功能,还要对历史功能进行必要的验证。可是项目负责人往往只会考虑新功能验证的测试时长,不会考虑历史功能的回归测试时长。
- 虽然开发人员经过慎重评估后一再表示新功能的开发或者缺陷(bug)的修复不会影响其他功能或模块的使用,但测试人员"偷懒"的时候,总会出现令人懊恼不已的逃逸缺陷。而在此时,责任只能由测试人员来承担。
- 在第一个版本中,测试人员手动测试发现的缺陷已被开发人员修复,并且通过了回归测试。在后面的版本中，测试人员又发现了该缺陷。于是，在对每个待发布版本进行验收测试时，测试人员又增加了一部分工作——对历史缺陷进行回归测试。而历史缺陷越来越多，压得测试人员喘不过气。
- 项目团队采用快速迭代、敏捷或者 DevOps 开发模式，始终要频繁发布版本，测试人员必须具备对版本进行快速验证的能力。
- 在第一个版本中，系统上线了某个功能，该功能是系统的核心功能，后续版本的扩展模块多和它交互，或者二者相互调用，于是在每个版本上线的时候，为了保证新功能的引入不会影响这个功能的正确性，测试人员不得不频繁对其进行回归测试。

自动化测试是解决类似问题的一种途径，是测试体系中颇为重要的一环，也是测试组织技术成熟度的一种体现。自动化测试具有快速、高效、可复用、一致性等特点，在一定程度上可以替代部分手动测试工作，提升测试效率，特别是在回归测试阶段。有序、规范的自动化测试是提高测试效率、保障产品质量的重要手段。

1.4.2 方案选择

为了保证自动化测试能够有序、规范进行，保证自动化测试的覆盖率，并保证自动化测试能够真正地赋能业务线，自动化测试的落地方案选择应考虑以下方面（这里以 iOS 自动化测试为例介绍方案需考虑的内容）。

- 自动化测试的层级：优先开展 iOS UI 自动化测试，根据项目成熟度、人员技能储备等情况，适时开展接口自动化测试。
- 自动化测试的对象：优先覆盖 iOS 端和 Web 端，后续覆盖 Android 端。
- 自动化测试的场景：需要覆盖冒烟测试、重点功能回归测试和缺陷回归测试。
- 自动化测试的工具：结合公司实际情况，自研测试框架。
- 自动化测试的脚本开发语言：结合测试团队人员的技术栈，选择 Python 作为测试脚本开发语言。
- 自动化测试的框架：考虑测试用例重试场景、分级分类等需求，选择 Pytest 作为单元自动化测试框架。
- 自动化测试用例的分层：考虑测试用例的健壮性及后期维护成本，自动化测试用例必须分层设计。
- 自动化测试用例的分级：针对不同场景，要执行不同的测试用例，自动化测试用例必须分级分类。

- 自动化测试用例的执行策略：支持 3 种测试用例执行策略，它们分别是开发人员每次提交代码自动触发、以一定频率自动执行（如每天晚上）、手动触发执行。
- 自动化测试对象：针对 iOS 自动化测试，支持使用真机（特定机型）和模拟器作为自动化测试对象。
- 自动化测试的工作模式：由多位同事负责。例如，同事 A 负责重点功能测试用例开发，同事 B 负责缺陷回归测试用例开发，等等。
- 自动化测试脚本存储：自动化测试脚本需要在本地运行通过、在内部评审通过，并上传到 GitLab。
- 自动化测试的持续集成：考虑 UI 自动化测试有持续集成的需求，因此项目团队的持续集成工具（Jenkins 或 Travis CI）需要保持一致。
- 自动化测试赋能：自动化测试工具前期在内部使用，后期要供上下游团队使用，即赋能产品及业务团队。需要考虑自动化测试本身的受众是谁，是只供测试人员使用，还是要供开发人员等其他角色使用。

1.4.3 环境准备

在确定 UI 自动化测试的实施方案后，即可根据方案准备所需环境。准备工作主要包括以下 4 方面。

- 本地环境。需要准备的环境包括测试人员的计算机、开发语言、Appium 工具、代码编辑器、自动化测试设备等，其中开发语言版本、Appium 工具版本、自动化测试设备类型等需要尽可能保持一致。
- 代码执行环境。如果我们期望将来自动化测试能够作为一个公共的执行平台，则需要单独准备一台用于自动化测试执行的计算机，该计算机的环境需要和本地环境保持一致。
- 配置管理环境。如果多人协作编写自动化测试用例，则自动化测试脚本就会涉及集成的需求，这里我们需要提前确定代码、测试数据、测试文件等文件的管理工具是 SVN（Subversion），还是 GitLab。
- 持续集成环境。因为自动化测试有持续集成的需求，所以我们需要提前确定使用哪种持续集成工具，当前比较流行的有 Jenkins、Travis CI 等。

1.4.4 系统设计

就像工程建设中需要进行严格的方案设计，然后根据设计方案进行施工一样，UI自动化测试框架也需要事先进行合理设计，以确保它具有足够高的稳定性、可维护性、可扩展性。简单来说，我们需要考虑整个框架的目录结构，如各个公共模块的封装，测试文件的管理，配置数据、测试数据和代码的分离，日志的管理等。

当然，框架的确立并不是一蹴而就的，而是持续演进的。系统设计阶段的重点是搭建大体框架，然后在实际工作中慢慢优化、迭代。但是，如果框架完全没有经过设计，后续就可能需要重新设计。

1.4.5 编码规范确定

为了保证自动化测试脚本的质量，在编写自动化测试脚本时需要遵循既定规范。尤其在多人配合、团队作战的时候，自动化测试脚本的规范是保障测试用例持续更新、自动化测试脚本高效交付的关键因素，规范的自动化测试脚本能够真正地提质、增效。

测试团队应该确定一些编码规范，保证代码的通用性、可读性、可维护性。以下是笔者所在测试团队制定的编码规范，供大家参考。

- 使用Python作为编码语言，文件、类、方法、函数、变量的定义形式应遵循以下规则。
  - 测试文件名以test_开头。
  - 类名以Test_开头。
  - 方法名或函数名以test_开头。
  - 变量使用有意义、易区分的字符命名。
- 元素定位方法的优先级如下。
  - Web端元素优先使用id定位；当无id时，选用其他定位方法。
  - iOS端元素优先使用ACCESSIBILITY_ID、IOS_CLASS_CHAIN、IOS_PREDICATE等定位。
- 配置项应该抽离出来并单独保存。
  - IP（Internet Protocol，互联网协议）地址、域名、端口等应该抽离为配置项并单独保存。
  - 公共文件的路径信息应该放到配置文件中。

- 配置项文件保存为YAML格式。
- 配置项文件为测试根目录下的config/×××.yml。
- 测试数据应该抽离出来并单独保存。
  - 项目的账号、密码等数据信息应该抽离为数据文件并保存。
  - 测试用例的参数化数据应保存到测试数据文件中。
  - 测试数据文件保存为XLSX（也可以选择JSON、YAML、XML等）格式。
  - 测试数据文件为测试根目录下的data/×××.xlsx。
- 测试脚本中强制等待、显式等待、隐式等待的使用规则如下。
  - 优先使用显式等待。
  - 可少量使用隐式等待。
  - 不可使用强制等待，若必须使用，评审通过后方可提交代码。
- 测试用例验证（测试脚本断言）应该明确、有效。
  - 正向测试用例：查询类验证期望查询结果数、重要字段值；写入类验证写入目标位置的关键字段值；业务类验证逻辑分支（原则上需要能够代替回归测试）。
  - 异常测试用例：包括特殊字符（包含null、中英文特殊字符等）验证、参数验证、参数类型验证、参数边界验证和异常逻辑分支验证。
- 确定单元测试框架。
  - 使用Pytest框架。
  - Pytest框架使用类结构。
- 定义测试用例类型。测试用例分为以下3种类型。
  - 冒烟测试用例，标识为"smoking"。
  - 缺陷回归测试用例，标识为"regression"。
  - 重点功能测试用例，标识为"function-×××"。
- 定义测试用例等级。对于每条测试用例，都必须标记明确的等级。
  - L1表示主业务流程正向测试用例；L2表示重点功能测试用例；L3表示其他级别测试用例。
  - 一般来说，L1测试用例约占整体测试用例的5%；L2测试用例约占整体测试用例的30%；L3测试用例约占整体测试用例的65%。
- 执行测试用例前需要准备测试数据。
  - 事先创建测试数据。例如，测试账号、人员信息等固定信息适合提前创建。
  - 实时创建测试数据。针对删除类测试用例，在setup中创建数据，在teardown中删除数据。
- 效率问题。如果 Web 端涉及多界面跳转，直接通过 get url 实现。
- 其他注意事项。
  - 一般情况下，如果数据创建后无法删除，则不建议自动化测试该类操作。如果实在需要验证，则需要同步考虑数据的清理动作。例如，通过SQL（Structure Query Language，结构查询语言）进行删除。
  - 针对创建类的操作，不仅要验证页面提示信息，还应该验证数据是否真正写入数据库。

1.4.6 编码

编码，顾名思义，就是编写代码。建议相关人员在自动化测试用例编码初期，多开展代码评审，及时纠正偏差，让团队中的每个人养成良好的编码习惯。

1.5 深入思考

一旦项目团队确定要开展自动化测试，或者正在开展自动化测试，就要深入思考自动化测试实施后，产品质量是否提升了。

在回答这个问题前，我们先看两个概念。

产品质量和测试质量是两个不同的概念，前者指的是产品本身的质量，后者指的是测试工作本身的质量。

产品质量的好坏取决于产品的整个生命周期中各个环节质量的好坏，遵循"木桶原理"，即产品质量的好坏并不取决于做得最好的那个环节，而取决于做得最差的那个环节。因此，想通过提升测试某一个环节的质量来提升产品质量是不科学的。

测试质量的好坏取决于测试工作整个链条的完成度的高低。例如，需求理解是否准确，测试用例设计是否科学，测试用例评审是否有效，测试覆盖率是否达标，等等。可以看出，测试质量是产品质量的一个子集。产品质量应通过多个环节和采取多种手段来保障，测试质量的好坏对产品质量的度量起到了至关重要的作用。

测试工作的度量是一个难度非常高的课题，在实际工作中，管理者应注意以下几点。

- 不要使用单一的指标（如测试用例对需求的覆盖率、测试用例执行通过率、代码覆盖率等）去评估测试的质量。
- 在度量指标成熟前，不要轻易将它用于考核。

测试工作如何度量不是本书重点介绍的内容。下面我们看看自动化测试如何度量。

管理者可以从如下角度了解自动化测试开展前后的效果。

- 通过对比完成某项工作所需的手动测试工时与自动化测试工时，评估自动化测试的投入产出比。
- 自动化测试能够覆盖的范围可以通过多个层面（例如需求覆盖率、功能点覆盖率、测试用例覆盖率、代码覆盖率等）反映。

测试人员在开展自动化测试的时候，应该统计实施自动化测试带来的改进数据，以便支撑后续的总结和改进，为最终决策提供必要的数据支撑，而不是"感觉如何，应该怎样"。

在冒烟测试、重点功能验证、缺陷回归测试等环节，自动化测试的实施提升了测试工作的覆盖率，减少了工时投入，提升了测试效率，可以说自动化测试是提升测试质量的有效手段。但产品质量受限于产品的整个生命周期中的各个环节，需要上下游通力配合，共同提升。

引入自动化测试可以给团队带来诸多好处，不过自动化测试也面临诸多挑战。其中一大挑战就是面对产品的变化，页面元素的改变或业务流程的调整可能导致测试用例执行失败。这时，测试人员就需要不断修改测试脚本以匹配变化的产品页面或功能。此外，要降低测试脚本的维护成本，对自动化测试工具和测试人员有更高的要求。值得注意的是，自动化测试不能完全代替手动测试，一定的手动探索与测试是必不可少的。

第2章
iOS基础知识

在学习 iOS 自动化测试前,我们需要先了解 iOS 的一些基础知识,本章将围绕这些内容展开。

2.1 移动操作系统概览

2010年前，移动操作系统曾呈现"百花齐放"的态势，其中有Nokia（诺基亚）的Symbian、BlackBerry（黑莓）的BlackBerry OS、Google（谷歌）的Android、Apple（苹果）的iOS、Microsoft（微软）的Windows Phone等，但随着时间的推移，iOS和Android操作系统几乎占据了移动操作系统的全部市场份额。本书聚焦iOS自动化测试。接下来，让我们简单了解一下iOS。

iOS（iPhone Operating System）是由苹果公司开发的移动操作系统。该系统最初是供iPhone使用的，后来陆续应用到iPod touch、iPad和Apple TV等产品上。iOS与苹果公司的macOS一样，属于类UNIX的商业操作系统。iOS是软件应用程序与设备硬件之间的桥梁。软件应用程序首先与iOS的接口通信，iOS收到信息后与底层硬件交互，从而完成软件应用程序要完成的任务。iOS架构分为4层，从下到上依次为Core OS层、Core Services层、Media层和Cocoa Touch层。

开发者使用iOS控件来解决用户与iOS平台界面交互的问题。下面简要介绍一下iPhone的常用控件。

窗口（UIWindow）控件是App中处于底层的、固定不变的控件。iPhone的规则是一个窗口中可以放置多个视图。

视图（UIView）控件是开发者构建界面的基础，所有的控件都是在这个界面上"画"出来的，可以把它当成画布。开发者可以通过视图控件增加控件，并利用控件与用户进行交互。

窗口控件和视图控件是非常基本的控件，创建任何类型的UI都要用到它们。窗口表示屏幕上的一个几何区域，视图控件用自身的功能"画"出不同的控件，如导航栏、按钮等都附着在视图控件之上，一个视图会链接到一个窗口。

视图控制器（UIViewController）的主要功能是对视图控件进行管理和控制，你可以在视图控制器中控制显示某个具体的视图控件。另外，视图控制器还增添了额外的功能，如内置的旋转屏幕、转场动画，以及对触摸等事件的支持。

数据展示视图包含以下内容。

- UITextView：将文本段落呈现给用户，并允许用户使用键盘输入文本。
- UILabel：实现短的只读文本，通过设置视图属性为标签选择颜色、字体和字号等。
- UIImageView：通过UIImage加载图片，并将图片赋给UIImageView，加载后可以指定图片显示的位置和大小。

- UIWebView：提供并显示 HTML（HyperText Markup Language，超文本标记语言）文件、PDF 文件等其他高级的 Web 内容，包括 Excel、Word 等文档等。
- MKMapView：通过 MKMapView 向 App 嵌入地图，很多热门的 LBS（Location-Based Service，基于位置的服务）App 就是基于 MKMapView 来做的，结合 MKAnnotation-View 和 MKPinAnnotationView 类注释地图。
- UIScrollView：一般用来呈现超出正常的程序窗口的一些内容，可以通过水平和竖直滚动来查看全部的内容，并且支持缩放功能。

用户选择视图包含以下内容。

- UIAlertView：通过警告视图让用户选择或者向用户显示文本。
- UIActionSheet：类似于 UIAlertView，但当选项比较多的时候可以操作表单，它提供从屏幕底部向上滚动的菜单。

其他的控件如下。

- UIButton：用于调用想要执行的方法。
- UISegmentControl：可以设置多个选项，当触发相应的选项时，调用不同的方法。
- UISwitch：可以选择开或者关。
- UISlider：用于控制音量等。
- UITextField：用于显示所给的文本。
- UITableView：用于自定义需要的表格视图，表头和表身都可以自定义。
- UIPickerView：一般用于日期的选择。
- UISearchBar：一般用于查找。
- UIToolBar：一般用于搭建主页面的框架。
- UIActivityIndicatorView：用于指示某项活动正在进行中，如正在加载数据、正在进行网络请求等。
- UIProgressView：一般用于显示下载的进度。

但是随着 iPhone 的日益流行，iPhone 原生的控件难以满足产品日益增长的功能需要，iPhone 开始鼓励用户创新，因此出现了更多的 iPhone 控件，使开发者可以将现有的技术应用在 iPhone 平台上，并创建更好的界面、Web 应用程序和 App。

2.2 App 的类型与区别

从"是否原生"的角度来说，App 分为 3 类，即原生 App、Web App 和混合 App。对于不同类型的 App，开展自动化测试使用的手段也不同。本节将介绍这 3 类 App，以及它们的区别。

原生 App 依托于操作系统，它的交互性及可扩展性很强，需要用户下载并安装才能使用，是一个"完整"的 App。

原生 App 是某个移动平台（如 iOS 或 Android 平台）所特有的，使用相应平台支持的开发工具（如 Xcode、Android Studio）和编程语言（如 Swift、Kotlin）开发。一般来说，原生 App 的 UI 更好看、运行速度更快（性能更好）。

原生 App 的优势如下。

- 运行速度快，性能好，用户体验更好。
- 可以调用移动终端硬件设备。
- 可访问本地资源。
- 由于 App 下载到了本地（安装到移动终端），因此在运行 App 时可节省带宽成本（本地资源不需从网络端请求）。

原生 App 的劣势如下。

- 开发成本高，需针对不同平台开发不同的版本。
- 需要维护多个版本。
- 利润需要分给第三方一部分。
- 新版本需重新下载（它会不断提示用户下载更新，导致用户体验差）。
- 发布新版本需通过应用商店确认，而且发布时间长（应用商店审核的周期长），iOS 平台 App 审核一般需要 1～3 个工作日。

Web App 是基于 Web 的 App，它运行于网络和浏览器上，目前多采用 HTML5 标准开发，无须下载与安装。

HTML5 App 使用标准的 Web 技术，这些技术通常是 HTML5、JavaScript 和 CSS（Cascading Style Sheet，串联样式表）。HTML5 App 的运行依赖于 Web 环境，因此具有只编写一次即可跨平台运行的效果。

Web App 的优势如下。

- 跨平台开发，基于浏览器。
- 开发成本低，整体量级轻。
- 无须安装，节约内存空间。
- 可随时上线，不需要等待审核。
- 更新时无须通知用户，自动更新。
- 维护比较简单。

Web App 的劣势如下。

- 需要依赖网络，用户体验相对较差。
- 功能受限，无法获取系统级别的通知、提醒、动态效果等。
- 入口强依赖于第三方浏览器，导致用户留存率低。
- 页面跳转费力，稳定性弱。
- 安全性相对较低，数据容易泄露或被劫持。

混合 App 指的是原生 App 中包含部分 Web 页面的混合类 App。它需要下载与安装，看上去是原生 App，但 App 中的部分页面是通过 UIWebView 访问的 Web HTML5 内容。混合 App 让开发人员可以把 HTML5 App 嵌入一个原生容器里，集原生 App 和 HTML5 App 的优势（劣势）于一体。

混合 App 的优势如下。

- 比例自由，如 Web App 占 90%，原生 App 占 10%，或者各占 50%。
- 便于调试，开发时可以通过浏览器调试，调试工具丰富。
- 可轻松访问手机的各种功能。
- 可以从应用商店中下载（Web App 套用原生 App 的外壳）。
- 混合 App 需要在应用商店进行发布，但能自主更新，而原生 App 的更新必须通过应用商店实现。
- 移动 Web 对搜索引擎友好，可与在线营销无缝整合。
- 兼容多种平台，可离线使用。
- 页面存放采用本地和服务器两种方式。
- 省去了跳转浏览器的麻烦。
- 支持消息推送，有助于提高用户忠诚度。
- App 安装包减小。

混合 App 的劣势如下。

- 上线时间不确定。

- 性能稍差（需要连接网络）。
- 用户体验不如原生 App。
- 混合 App 可以通过 JavaScript API（Application Program Interface，应用程序接口）访问移动设备的摄像头、导航系统，而原生 App 可以通过原生编程语言访问设备所有功能。

原生 App、Web App、混合 App 技术特性总结如表 2-1 所示。

表 2-1　原生 App、Web App、混合 App 技术特性总结

技术特性	原生 App	Web App	混合 App
图像渲染	本地 API 渲染	HTML、Canvas、CSS	混合
性能	高	低	低
原生界面	原生	模仿	模仿
发布	应用商店	Web	应用商店
摄像头	支持	不支持	支持
系统通知	支持	不支持	支持
定位	支持	支持	支持
网络要求	支持离线	依赖网络	部分依赖网络

2.3　iOS App 测试框架概览

随着移动互联网的兴起，App 的测试越来越受重视。Android 操作系统具有开源性，其测试工具和测试方法广为流行，而 iOS 的私有性导致很多与 iOS 相关的测试的执行较烦琐。为了帮助大家更好地执行 iOS App 自动化测试，本节介绍当前流行的 iOS 测试工具。

UIAutomation 是苹果提供的 UI 自动化测试框架，使用 JavaScript 编写测试代码。该工具在 iOS UI 自动化测试中使用非常广泛。

基于 UIAutomation 的框架主要有扩展型、注入型和驱动型 3 种。扩展型框架通过 JavaScript 扩展库方法提供了很多好用的工具；注入型框架通常会提供一些 Lib 或者 Framework，要求测试人员在待测 App 的代码工程中导入这些内容，框架可以通过它们完成对 App 的驱动；驱动型框架在自动化测试底层使用 UIAutomation 库，通过 TCP（Transmission Control Protocol，传输控制协议）通信的方式驱动 UIAutomation 来完成自动化测试，当采用这种方式时，编写测

试脚本的语言不再局限于 JavaScript。

XCTest 是苹果在 iOS 7 和 Xcode 5 中引入的一款简单而强大的测试框架，它集成在 Xcode 中，用来编写测试代码。它可实现各个层次的测试。

用 XCTest 编写测试代码非常简单，并且遵循 XUnit 风格。在创建项目时，Xcode 会默认使用 XCTest，并且默认创建单元测试和 UI 测试，其中单元测试主要用于测试代码的大部分基本功能，如绝大多数模型的类和方法测试、业务逻辑测试、网络接口调用测试等。UI 测试一般会考虑用户的交互流程，模拟用户的交互操作，利用 XCTest 的 UI 记录特性来获取界面上的一系列视图元素和操作事件，然后在测试方法中触发事件，所以这是一款可以实现各个层次的测试（如单元测试、UI 自动化测试、性能测试等）的框架。

KIF（Keep It Functional）是一款 iOS App 功能测试框架，由 Square 开发，该测试框架只支持 iOS。该框架的测试代码使用 Objective-C 语言编写，因此测试人员需要熟练掌握 Objective-C 语言。对于苹果开发者来说，该框架非常容易上手，该框架也是苹果开发者广为推荐的测试工具。KIF 使用未公开的 Apple API（私有 API），可以进行项目的单元测试，也可以进行 UI 集成测试，但缺点是运行速度较慢。

Frank 是 iOS 开发环境下的一款自动化测试框架。App 在 Xcode 环境下开发完成后，可以通过 Frank 实现结构化的测试用例。Frank 的底层语言为 Ruby。作为一款开源的 iOS 测试工具，它在国外已经有广泛的应用，但是国内相关资料比较少。

Frank 可以针对 iOS 平台进行功能测试，可以模拟用户的操作对 App 进行黑盒测试，并且使用 Cucumber 编写测试用例，使测试用例可以像自然语言一样描述功能需求，让测试以"可执行的文档"的形式成为业务客户与交付团队之间沟通的桥梁。其最大的优点为，测试场景是在 Cucumber 的帮助下，用可理解的英语句子进行描述的。另外，Frank 还有活跃的社区支持，以及不断扩大的支持库。而 Frank 的缺点是对手势的支持有限。

Calabash 是一款适合 iOS 和 Android 开发者使用的跨平台 App 测试框架，可用来测试屏幕截图、手势和实际功能代码。

Calabash 开源、免费并支持 Cucumber 语言。Cucumber 能让开发者用自然的英语表述 App 的行为，实现 BDD（Behavior Driven Development，行为驱动开发），而 Calabash-iOS 是一款基于 Calabash 的 iOS 的自动化功能测试框架。Calabash-iOS 的优点包括大型社区支持，列表项简单，其类似英语表述的测试语句支持在屏幕上的所有操作，如滑动、缩放、旋转、敲击等。它的缺点包括测试步骤失败后，将跳过所有的后续步骤，这可能导致错过更严重的产品问题；测试耗费时间，因为它始终默认先安装 App，需要将 Calabash 框架安装在 iOS 的 IPA 文件中，因此测试人员必须有 iOS 的 App 源码；除了支持 Ruby 语言外，它对其他语言不友好。

Subliminal 是一款与 XCTest 集成的框架，也是一款优秀的 iOS 集成测试框架。与 KIF 不同的是，它基于 UIAutomation 编写测试代码，对开发者隐藏 UIAutomation 中一些复杂的细节。可惜近几年它已不再更新。

Kiwi 是对 XCTest 的一个完整替代，使用 xSpec 风格编写测试代码。Kiwi 带有自己的一套工具集，包括 expectations、mocks、stubs，甚至还支持异步测试。它是一个适用于 iOS 开发的 BDD 库，具有简洁的接口，可用性强，易于设置和使用，可用于写出结构性强的易读测试用例，非常适合刚入门的开发者。Kiwi 是使用 Objective-C 语言编写的，易于 iOS 开发者上手。

Appium 是一款开源的、跨平台的自动化测试框架，支持 iOS、Android 平台。通过 Appium，开发者无须重新编译 App 或者做任何调整，就可以测试 App，还可以使测试代码访问后端 API 和数据库。它通过驱动苹果的 UIAutomation 框架来实现 iOS 平台支持。开发者可以使用 WebDriver 兼容的任何语言（如 Ruby、C#、Java、JavaScript、Objective-C、PHP、Python、Perl 语言）编写测试代码。

在工作中，建议关注以下几点。

- 框架必须为开源产品，无须资金投入。
- 社区活跃、更新快，这意味着开发者可以找到丰富的学习资源，也有助于较快地修复 bug。
- 支持跨平台。
- 无须获取 App 源码，无须对 App 进行任何调整。

因此，本书选择 Appium 框架作为 iOS App 自动化测试工具。

第3章 测试环境部署

在本章中,我们要部署 Appium 测试环境,后续将在该环境下学习 iOS 自动化测试的相关知识。部署 iOS Appium 测试环境是一个复杂的过程,但也是开展自动化测试的前提。所以,请务必依照本章内容,完成环境部署。

注意,为了开展 iOS 自动化测试,要使用 macOS 计算机。这里先简单介绍一下笔者的 macOS 计算机的配置情况。

- 型号:MacBook Air。
- 操作系统版本:3.6.3。
- 芯片:Apple M1。
- 内存大小:16 GB。

要完成以下环境的部署。

- 辅助环境,如 Xcode 及相关组件。
- 编程环境,如 Python、PyCharm。
- Appium 环境,如 Appium Server GUI、Appium Server、Appium-Python-Client。

3.1 辅助环境部署

首先，安装、部署 Appium 自动化测试的依赖软件、组件。

3.1.1 安装 Xcode

Xcode 是运行在 macOS X 上的集成开发环境（Integrated Development Environment，IDE），由苹果公司开发。Xcode 是开发 macOS App 和 iOS App 的官方工具。Xcode 具有统一的 UI 设计，编码、测试、调试都在一个简单的窗口内完成。

本书使用的 Xcode 版本为 14.0。推荐读者在苹果公司官方的应用商店中搜索关键词"Xcode"，并下载它，如图 3-1 所示。

图 3-1　下载 Xcode

Xcode 下载完成后，会自动安装。4.2 节会讲解 Xcode 基本操作。此处，我们将其保留在程序坞（类似 Windows 的任务栏）中，以方便后续启动，操作步骤如下。

（1）启动 Xcode。

（2）在程序坞中，右击 Xcode 图标。

（3）在弹出的快捷菜单中依次选择"选项"→"在程序坞中保留"。

具体如图 3-2 所示。

选项
显示所有窗口
隐藏
退出
在程序坞中保留
登录时打开
在访达中显示
PC

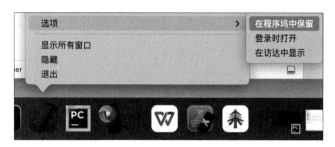

图 3-2 将 Xcode 保留在程序坞中

3.1.2 安装 Homebrew 工具

Homebrew 是 macOS 平台下的一款软件包管理工具，它可以使我们更方便地安装其他软件。Homebrew 之于 macOS，类似 yum 之于 Cent OS，apt-get 之于 Ubuntu。在 Terminal 中，执行以下命令安装 Homebrew。

```
# 安装 Homebrew
% /bin/zsh -c "$(curl -fsSL https://gitee.com/cunkai/HomebrewCN/raw/master/
Homebrew.sh)"
```

> **注意** ▶ 本书中在 Terminal 中输入的命令，以及在 PyCharm 中输入的代码，都会以上述格式呈现。以“#”开头的文字表示注释，读者无须输入。“$”符号代表命令提示符，该符号后面的内容为读者需要输入的命令，输入命令后，按 Enter 键即可执行命令。

输入上述命令后，按 Enter 键，出现站点选择提示，如图 3-3 所示。

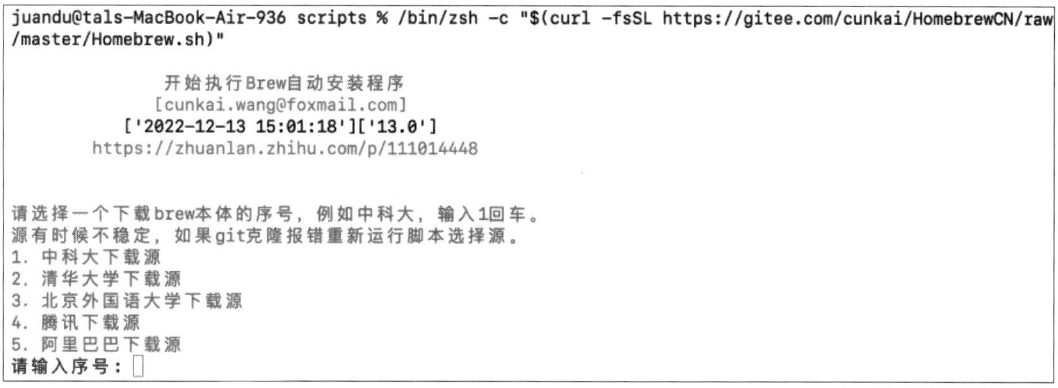

juandu@tals-MacBook-Air-936 scripts % /bin/zsh -c "$(curl -fsSL https://gitee.com/cunkai/HomebrewCN/raw
/master/Homebrew.sh)"
开始执行Brew自动安装程序
[cunkai.wang@foxmail.com]
['2022-12-13 15:01:18']['13.0']
https://zhuanlan.zhihu.com/p/111014448
请选择一个下载brew本体的序号，例如中科大，输入1回车。
源有时候不稳定，如果git克隆报错重新运行脚本选择源。
1、中科大下载源
2、清华大学下载源
3、北京外国语大学下载源
4、腾讯下载源
5、阿里巴巴下载源
请输入序号：

图 3-3 站点选择提示

若输入"2",选择清华大学下载源,然后按 Enter 键,会得到图 3-4 所示的页面。

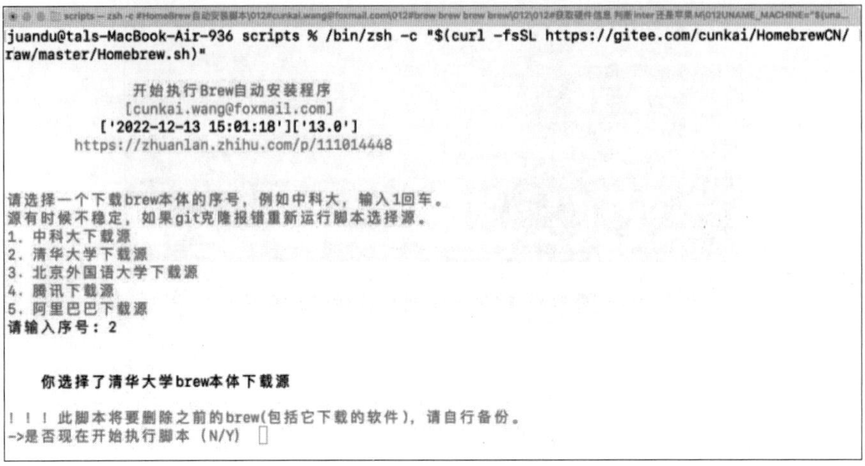

图 3-4 选择清华大学下载源后的页面

此时,输入"Y",再按 Enter 键,等待 Homebrew 安装完成,如图 3-5 所示。

图 3-5 Homebrew 安装完成

然后,根据图 3-5 中的提示信息,重启 Terminal 或者执行下方的命令,刷新环境。

```
% source /Users/juandu(替换成你的 macOS 用户名)/.zprofile
```

接下来,执行下方的命令查看 Homebrew 版本,可以看到当前安装的 Homebrew 版本为 3.6.3。

```
% brew -v
Homebrew 3.6.3
```

另外，安装完 Homebrew，还可以使用 brew doctor 命令对安装的 Homebrew 进行一次检验，检验结果如图 3-6 所示。

```
juandu@tals-MacBook-Air-936 ~ % brew doctor
Please note that these warnings are just used to help the Homebrew maintainers
with debugging if you file an issue. If everything you use Homebrew for is
working fine: please don't worry or file an issue; just ignore this. Thanks!

Warning: You are using macOS 13.
We do not provide support for this pre-release version.
You will encounter build failures with some formulae.
Please create pull requests instead of asking for help on Homebrew's GitHub,
Twitter or any other official channels. You are responsible for resolving
any issues you experience while you are running this
pre-release version.

Warning: Ruby version 2.6.10 is unsupported on macOS 13. Homebrew
is developed and tested on Ruby 2.6.9, and may not work correctly
on other Rubies. Patches are accepted as long as they don't cause breakage
on supported Rubies.
juandu@tals-MacBook-Air-936 ~ %
```

图 3-6　对 Homebrew 安装情况的检验结果

如果想对 Homebrew 工具进行更新，可以执行下方的命令。

```
% brew update && brew upgrade && brew clean
```

因为网络的问题，上面采用我国的站点源安装 Homebrew 工具。如果你能访问 GitHub，也可使用官方源来安装。

> **知识小贴士** ▶ macOS 中的 Terminal 类似于 Windows 中的 DOS 命令行窗口。通过 Terminal，我们可以实现命令行操作。

3.1.3　安装 Node.js 和 NPM

因为命令行版本 Appium 的运行依赖于 Node.js，所以需要提前安装 Node.js 环境。Node.js 是一个 JavaScript 运行时环境（run-time environment）。NPM（Node Package Manager）是随同 Node.js 一起安装的包管理工具，能解决 Node.js 代码部署时的很多问题。在 Terminal 中执行以下命令对 Node.js 进行安装。

```
% brew install node
```

安装完成后，使用 node -v 命令查看 Node.js 的版本。

```
# %符号为命令提示符
```

```
% node -v
v18.9.0
```

另外，安装完 Node.js 的同时会自动安装 NPM 工具，使用 npm -v 命令查看 NPM 工具的版本。

```
% npm -v
8.19.1
```

NPM 在安装软件的过程中会自动搜索、安装一些依赖包，但这些包文件可能存储在国外的网站中，因为网络问题，可能会安装失败。为了解决这个问题，可以安装 cnpm，并使用国内的一些源文件。例如，执行下面的命令安装 cnpm，并将源指向淘宝的 NPM 源。

```
% sudo npm install -g cnpm --registry=https://registry.npm.taobao.org
```

安装完成后，执行如下命令查看 cnpm 的版本。

```
% cnpm -v
cnpm@8.4.0 (/opt/homebrew/lib/node_modules/cnpm/lib/parse_argv.js)
npm@8.19.3 (/opt/homebrew/lib/node_modules/cnpm/node_modules/npm/index.js)
node@18.9.0 (/opt/homebrew/Cellar/node/18.9.0/bin/node)
npminstall@6.6.2 (/opt/homebrew/lib/node_modules/cnpm/node_modules/npminstall/lib/index.js)
prefix=/opt/homebrew
darwin arm64 22.1.0
registry=https://registry.npmmirror.com
```

3.1.4　安装 libimobiledevice

libimobiledevice 相当于 Android 系统中的 adb 工具，用于获取 iOS 设备的相关信息。libimobiledevice 是一个使用原生协议与苹果 iOS 设备进行通信的库。若 Appium 要与 iOS 设备进行连接，则必须依赖该库。安装命令如下。

```
% brew install --HEAD libimobiledevice
或
% brew install libimobiledevice
```

> **说明** ▶ 上述两条安装命令的差异在于是否包含 --HEAD 选项。因为系统环境不同，所以部分 macOS 中需要去掉 --HEAD 选项才能安装成功。建议读者在使用其中一条命令发生安装错误时，尝试使用另外一条命令。

常用命令如下。

- idevicename：查看设备名称。
- idevice_id --list：查看当前已连接的设备 UUID（Universally Unique Identifier，通用唯一标识符）。
- ideviceinstaller list：查看当前设备中已安装 App 的 Bundle Id。
- idevicescreenshot：截图。
- ideviceinfo：查看设备信息。
- idevicesyslog：查看系统日志。

在安装 libimobiledevice 的过程中，若因为没有安装 Git 而报错，就可以执行如下命令安装 Git。

```
% brew install git
```

3.1.5 安装 Carthage

Carthage 是一款使用 Swift 语言编写、用于 iOS 项目依赖管理的工具。Carthage 类似于 Java 的 Maven 项目依赖管理工具，可以帮助管理三方依赖。这里安装 Carthage 主要供后续 WebDriverAgent 所使用，WebDriverAgent 将通过该工具管理项目依赖。在 Terminal 中，执行以下安装命令。

```
% brew install carthage
```

使用 carthage version 命令，查看 Carthage 版本。

```
% carthage version
0.38.0
```

如果想更新 Carthage，则执行如下命令。

```
% brew upgrade carthage
```

如果想重新安装 Carthage，则执行如下命令。

```
% brew reinstall carthage
```

3.1.6 安装 ios-deploy

ios-deploy 是一款使用命令行将 iOS App 安装到连接设备上的工具。它的原理是根据 OS X 命令行调用系统底层函数，获取连接的设备、查询 / 安装 / 协作 App。

> **注意** ▶ 为了在 iOS 10 以上的版本系统上使用 Appium，要安装 ios-deploy。

安装 ios-deploy 工具的命令如下。

```
% npm install -g ios-deploy
```
或
```
% cnpm install -g ios-deploy
```

ios-deploy 的相关命令如下。

- ios-deploy -c：用于查看相关连接设备，包括通过 USB 和无线网连接的所有设备。
- ios-deploy -c --no-wifi：用于查看通过 USB 连接的设备。
- ios-deploy --id [udid] --bundle [×××.App]：用于安装 App。

另外，如果要操控 iOS 9 的终端，则需要使用 ideviceinstaller 命令，安装命令如下。

```
% brew install ideviceinstaller
```

3.2 编程环境部署

由于本书中选择使用 Python 语言作为自动化测试脚本开发语言，因此本节将介绍 Python 编程环境的部署。

3.2.1 安装 Python

macOS 本身已经预安装了 Python。在 Terminal 中，执行 python -V 命令，可以查看 Python 的版本信息，如下所示。

```
$ python -V
Python 3.10.7
```

本书中使用 Python 3.x 作为自动化测试脚本开发语言，如果你使用的 Python 为 Python 2.x，则需要手动更新 Python 版本，更新步骤如下。

方法一：直接使用 Homebrew 进行安装，命令如下。

```
$ brew install python
```

> **说明** ▶ 安装完成后，请使用 python3 来执行相关的 Python 命令。

方法二：通过 Python 官网，下载安装包并进行安装。

进入 Python 官网，下载 macOS 对应的 Python 版本，如图 3-7 所示。

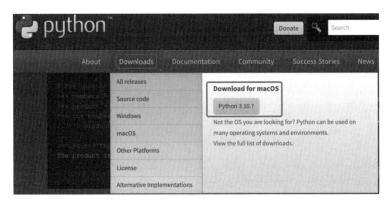

图 3-7　Python 官网下载页面

下载完成后，双击安装包，运行安装程序即可。

> **说明** ▶ 虽然手动安装了 Python 3.x，但是不要卸载 Python 2.x，因为计算机中的部分应用程序依赖于 Python 2.x，贸然卸载后会导致应用程序无法运行。让 Python 3.x 和 Python 2.x 在计算机中共存即可。

Python 3.x 自带 pip 工具，该工具可以用来安装 Python 依赖包。可以执行如下命令查看 pip 版本。

```
% pip3 -V
pip 21.2.4 from /Applications/Xcode.App/Contents/Developer/Library/Frameworks/Python3.framework/Versions/3.9/lib/python3.9/site-packages/pip (python 3.9)
```

3.2.2　Python 虚拟环境

Python 虚拟环境类似于虚拟机，创建一个 Python 虚拟环境，就相当于创建一个独立的 Python 运行环境，在该环境中安装的第三方包和全局环境中的包相互独立。虚拟环境的优点如下。

- 使不同应用软件的开发环境相互独立。
- 虚拟环境升级不会影响其他应用软件，也不会影响全局的 Python 环境。
- 能有效防止出现包管理混乱和版本冲突的情况。

下面看一下如何在命令行安装虚拟环境模块，创建、激活虚拟环境。

Virtualenv 是 Python 的虚拟环境模块，该模块和虚拟命令集合的安装命令如下。

```
# 安装虚拟环境模块
% pip3 install virtualenv
# 安装虚拟命令集合
% pip3 install virtualenvwrapper
```

使用 virtualenv 命令创建虚拟环境，创建命令的格式为 virtualenv【环境名称】。

例如，在桌面创建虚拟环境 test1。

```
# 进入桌面目录
% cd /Users/juandu/Desktop
# 创建目录 test1
% mkdir test1
# 在 test1 目录下创建 Python 虚拟环境 test1
% virtualenv test1
created virtual environment CPython3.10.8.final.0-64 in 370ms
  creator CPython3Posix(dest=/Users/juandu/Desktop/test1, clear=False, no_vcs_
  ignore=False, global=False)
  seeder FromAppData(download=False, pip=bundle, setuptools=bundle, wheel=bundle,
  via=copy, App_data_dir=/Users/juandu/Library/Application Support/virtualenv)
  added seed packages: pip==22.3.1, setuptools==65.6.3, wheel==0.38.4
  activators BashActivator,CShellActivator,FishActivator,NushellActivator,PowerSh
  ellActivator,PythonActivator
```

虚拟环境创建成功之后，可以在选择的目录下生成虚拟环境目录，虚拟环境目录包含 bin 文件夹、lib 文件夹和 pyvenv.cfg 文件，如图 3-8 所示。

图 3-8　虚拟环境目录

安装好的虚拟环境需要激活才能使用。虚拟环境需要在该环境的绝对路径（必须是 bin 文件夹）下激活。激活虚拟环境需要使用 activate 命令，取消激活则使用 deactivate 命令。

```
# 进入 bin 目录
% cd bin
# 激活虚拟环境
% source ./activate
# 取消激活
(test1) storm@tals-MacBook-Air-936 bin % deactivate
```

在命令行创建 Python 虚拟环境及项目后，可以通过 PyCharm 导入。

另外，也可以通过 PyCharm 直接创建虚拟环境和项目。

3.2.3　安装 PyCharm

PyCharm 是由 JetBrains 打造的一款 Python IDE，它有一整套可以帮助用户提升 Python 程序开发效率的工具，如调试、语法高亮、项目管理、代码跳转、智能提示、自动补全、单元测试、版本控制等工具。PyCharm 有两个版本，分别是 Professional 版和 Community 版，前者为专业版，支持更多的功能；后者为社区版，是免费的。本书将以 Professional 版作为演示工具。

大家可以自行搜索 PyCharm，进入 PyCharm 官网下载。PyCharm 下载页面如图 3-9 所示。

图 3-9　PyCharm 下载页面

下载并安装完成后，打开 PyCharm，进入欢迎界面，如图 3-10 所示。

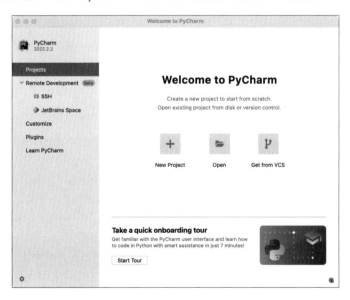

图 3-10　PyCharm 欢迎界面

首次打开 PyCharm，会看到 PyCharm 欢迎界面，此时，单击 New Project 按钮，打开 New Project 窗口，在 Location 对应的文本框中输入项目地址及项目名称，单击右下角的 Create 按钮，即可创建新项目，如图 3-11 所示。

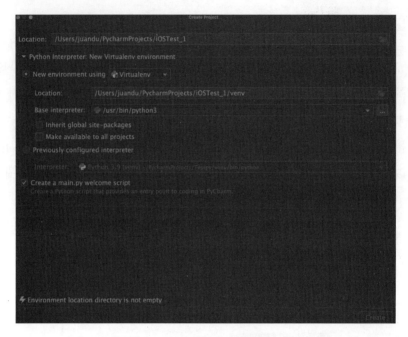

图 3-11　通过界面操作创建新项目

另外，如果已经打开了某个项目，还可以在 PyCharm 的菜单栏中选择 File → New Project 来创建新项目，如图 3-12 所示。

在新建项目的时候可以同步设置 Python 解释器，这里选择使用虚拟环境，选中 New environment using 单选按钮并从后面的下拉列表框中选择 Virtualenv，勾选 Inherit global site-packages 复选框和 Make available to all projects 复选框，如图 3-13 所示。

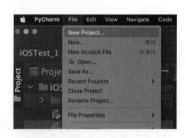

图 3-12　通过菜单创建新项目

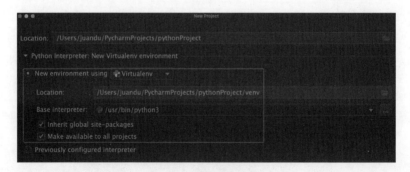

图 3-13　设置虚拟环境

这里笔者根据自己的习惯调整了 Theme 及 Font 配置，调整的步骤如下。

在 PyCharm 中，选择 File → Settings，在弹出的 Settings 窗口中，选择 Appearance & Behavior → Appearance，将 Theme 修改为 Darcula，完成主题配置，如图 3-14 所示。

图 3-14　将 Theme 修改为 Darcula

在 Settings 窗口中，依次选择 Editor → Font，将 Size 修改为 20.0，如图 3-15 所示。

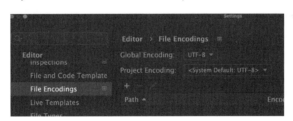

图 3-15　将 Size 修改为 20.0

在 Settings 窗口中，依次选择 Editor → File Encodings，将 Global Encoding 设置为 UTF-8，将 Project Encoding 设置为 <System Default:UTF-8>，设置 PyCharm 的默认编码格式，如图 3-16 所示。

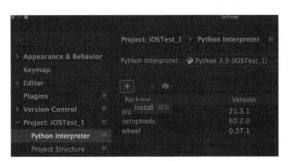

图 3-16　设置 Global Encoding 和 Project Encoding

这里简单介绍一下 PyCharm 工具的基本功能。

我们可以通过 PyCharm 来安装 Python 第三方包，具体步骤如下。

在 Settings 窗口中，进入选择 Project: iOSTest-1 → Python Interpreter，单击+按钮，如图 3-17 所示。

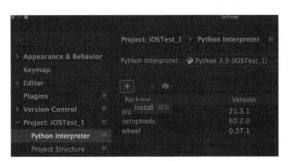

图 3-17　单击+按钮

打开 Available Packages 窗口后，在搜索文本框中输入关键字，如 xlrd，下方会显示所有包含该关键字的包名，选中要安装的包，单击左下角的 Install Package 按钮，即可开始安装，如图 3-18 所示。

接下来，我们通过 PyCharm 创建 Package。右击 iOSTest_1 项目，在弹出的快捷菜单中选择 New → Python Package，如图 3-19 所示，输入包名，即可完成创建。

Package 对应中文包。你可以简单理解为，我们需要将一组相似功能的 Python 文件放置到一个包中。

包并不是目录，在 PyCharm 中，使用 Directory 来创建目录，包和目录的创建方法不同，应用场景也不同。

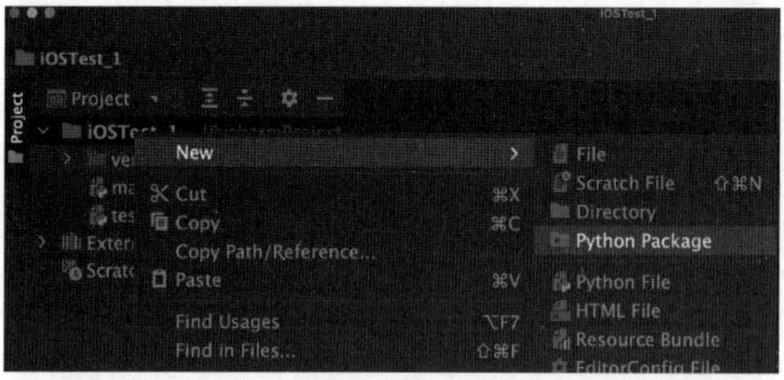

图 3-18 搜索并安装第三方包

图 3-19 创建包

右击对应项目或包，在弹出的快捷菜单中选择 New → Python File，即可创建 Python 文件，如图 3-20 所示。

在新建的 Python 文件中编写测试脚本。这里通过 print 语句，输出"Hello World!"。右击空白处，在弹出的快捷菜单中选择 Run 'test0'，即可运行该 Python 文件，如图 3-21 所示。

另外，按 Control + R 快捷键，也可以运行当前文件。按 Command + / 快捷键，可以注释或取消注释某行代码。

图 3-20 创建 Python 文件

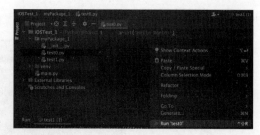

图 3-21 运行 Python 文件

在 PyCharm 窗口的下方会出现运行结果，如图 3-22 所示。

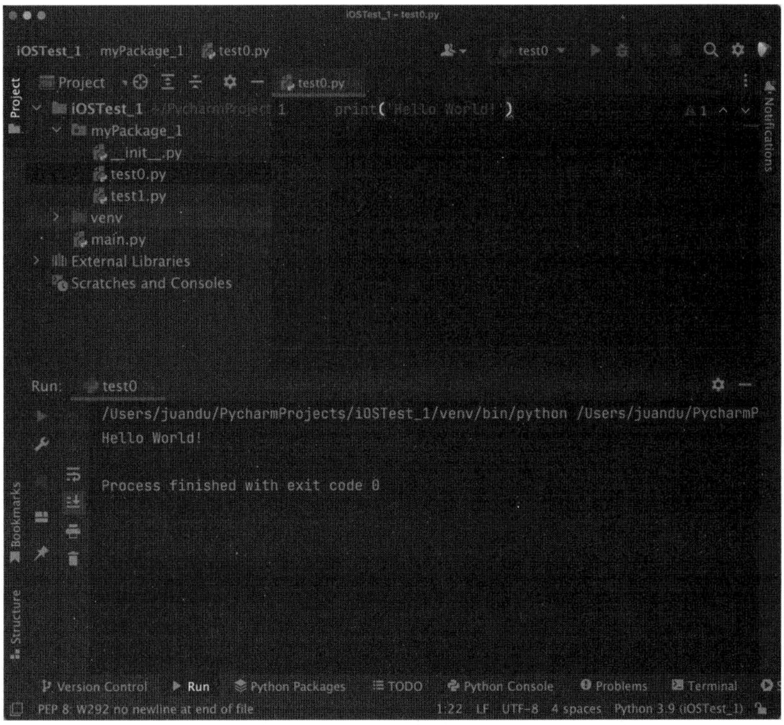

图 3-22　运行结果

Python 文件运行成功后，控制台输出"Hello World!"。

3.3　Appium 环境部署

本书基于 Appium 封装自动化测试框架，因此本节介绍如何部署 Appium 环境。

3.3.1　安装 Appium Server GUI

针对 Appium 图形用户界面，网络上有 Appium Desktop、Appium Server GUI 等不同叫法。

Appium Server GUI 是包含 Appium Server 功能的一个图形用户界面，非常适合初学者安装和使用。我们不需要安装其他任何软件，只需直接在 Appium 官网下载对应计算机操作系统的版本安装包，然后安装即可。

通过浏览器搜索并打开 Appium 官网，单击 Download Appium 按钮，如图 3-23 所示，打开下载页面。

图 3-23　单击 Download Appium 按钮

进入下载页面后，可以看到官方提供的下载列表，如图 3-24 所示。该列表包括适合 macOS、Linux、Windows 等常见操作系统的 Appium Server GUI 版本。

图 3-24　Appium Server GUI 下载列表（部分）

这里选择下载 Appium-Server-GUI-mac-1.22.3-4.dmg。下载完成后，双击安装包，进行安装，将 Appium Server GUI 拖动到 Applications 图标上即可完成安装，如图 3-25 所示。

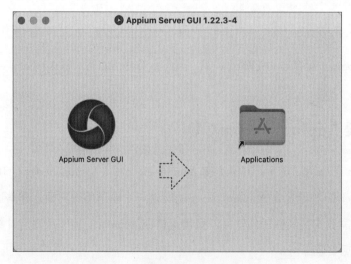

图 3-25　安装 Appium Server GUI

安装完成后，单击 Appium 图标，打开 Appium Server GUI，如图 3-26 所示。

图 3-26　Appium Server GUI

在打开 Appium Server GUI 时，可能会出现图 3-27 所示的错误。

该错误是 macOS 的安全认证所导致的，你可以尝试使用以下方法解决。

方法一：首先，打开 Terminal，输入 sudo spctl --master-disable；然后，按照提示信息，输入计算机登录账户和密码；最后，按 Enter 键。再次尝试打开 Appium Server GUI，提示信息如图 3-28 所示。

图 3-27　无法打开 Appium Server GUI　　图 3-28　打开 Appium Server GUI 的提示信息

单击"打开"按钮，即可打开 Appium Server GUI。

方法二：在 macOS 中，依次选择"系统偏好设置"→"安全性与隐私"，在弹出的窗口中，选择"通用"标签，在"通用"选项卡中，单击"仍要打开"按钮，启用 Appium Server GUI，如图 3-29 所示。

Appium Server GUI 工具封装了 Appium Server 和 Node.js 依赖，因此不安装 Node.js 环境也可以安装和使用 Appium Server GUI 工具。

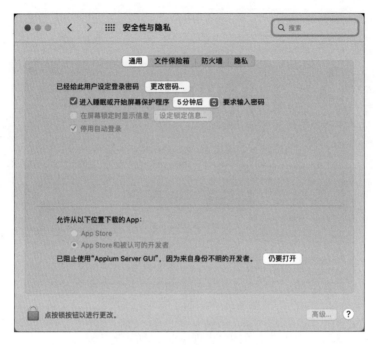

图 3-29　单击"仍要打开"按钮

当前，通过命令行方式安装 Appium Server 2.x，但是目前的 Appium Server GUI 仍然只支持 Appium Server 1.x。

新版本 Appium Server GUI 不再提供 Appium Inspector 工具，需要单独下载该工具。

3.3.2　安装 Appium Server

虽然 Appium Server GUI 实现了 Appium Server 的功能，但是命令行版本的 Appium Server 在启动时更加方便，占用更少的系统资源，是在项目自动化测试实战中的必然选择。

下面介绍命令行版本 Appium Server 的安装方法。

Node.js 环境是 Appium 运行的前提条件。我们在前面已完成 Node.js 的安装。如果你还未安装，请执行如下命令安装。

```
% brew install node
```

借助 NPM 安装 Appium Server，命令如下。

```
# 安装 Appium Server 1.x
% npm install -g appium
# 安装 wd
% npm install wd
```

可以执行如下命令来安装 Appium Server 2.x。

```
# 安装最新版本，-g 选项表示全局安装
% npm install -g appium@next
```

Appium Server 2.0 于 2022 年发布，此后 Appium 官方开始将 Appium 作为一个生态系统来打造，而不仅是作为单一的项目。从 Appium Server 2.0 开始，任何人都可以开发和共享驱动程序和插件，这为 iOS 和 Android 以外的平台的自动化相关开发提供了一种"新的可能"。

NPM 的包安装分为本地（Local）安装、全局（Global）安装两种。前者将模块下载到当前命令行所在目录；后者将模块下载到全局目录，即 Node.js 的安装目录下的 node_modules 下。推荐使用 -g 选项指定使用全局安装。

在 2023 年 3 月，使用 npm install -g appium 命令仍默认安装 Appium Server 1.x。

使用命令行安装 Appium Server 2.x。本书后续章节会基于 Appium Server GUI 介绍 Appium Server 1.x 的知识，然后借助非 GUI 模式讲解 Appium Server 2.0 的知识。

在 Terminal 中执行如下命令，启动 Appium Server。

```
# 使用默认 IP 地址和端口启动 Appium Server
% Appium &
# 指定 IP 地址和端口启动 Appium Server，注意，-a 后面有空格，-p 后面无空格
% Appium -a 127.0.0.1 -p4723
```

如果要退出 Appium Server，则可以使用 Ctrl+C 快捷键。

在控制台执行如下命令，查看 Appium Server 版本和安装路径。

```
# 查看 Appium Server 版本
% Appium -v
1.22.3
# 查看 Appium Server 安装路径
% where Appium
/opt/homebrew/bin/Appium
```

3.3.3　安装 Appium-Python-Client

因为本书使用 Python 语言作为自动化测试脚本语言，所以要安装 Python 版本的 Appium Client，即 Appium-Python-Client。

这里介绍两种安装方式。

方式一：通过命令行，在本地 Python 环境安装 Appium-Python-Client。安装命令如下。

```
% pip3 install Appium-Python-Client
```

安装后可以通过如下命令检测是否安装成功，输入命令 from Appium import webdriver 并按

Enter 键，如果控制台没有报错，则说明安装成功。

```
% python3
Python 3.10.7 (main, Oct 21 2022, 22:22:30) [Clang 14.0.0 (clang-1400.0.29.202)]
on darwin
Type "help", "copyright", "credits" or "license" for more information.
>>> from Appium import webdriver
```

如果控制台出现如下报错，则说明安装失败。

```
>>> from Appium import webdriver
Traceback (most recent call last):
    File "<stdin>", line 1, in <module>
ModuleNotFoundError: No module named 'Appium'
```

方式二：通过 PyCharm 安装 Appium-Python-Client。

一般来说，在新建项目时，会选择 Python 环境或某虚拟环境作为项目的 Python 环境。如果被选择的环境已经安装了 Appium-Python-Client，那么新建的项目不需要安装 Appium-Python-Client。如果新建的项目使用全新的虚拟环境，那么可以通过以下方式安装 Appium-Python-Client，具体步骤如下。

（1）打开 PyCharm，依次选择菜单栏中的 PyCharm → Settings，打开 Settings 窗口。

（2）依次选择左侧导航栏中的 Project: iOSTest_1 → Python Interpreter，单击右侧的 ![+] 按钮，如图 3-30 所示。

（3）在打开的 Available Packages 窗口中，在搜索文本框中输入关键字 appium-python-client。在搜索结果列表中选中 Appium-Python-Client，单击 Install Package 按钮，如图 3-31 所示，等待安装完成。

图 3-30　选择 Project-iOSTest_1 → Python Interpreter

图 3-31　选中 Appium-Python-Client

安装完成后，即可在该环境的文件中使用 Appium。我们可以新建一个 Python 文件，然后输入一行代码并尝试运行，如果运行结果为"code 0"，就代表运行成功，如图 3-32 所示。

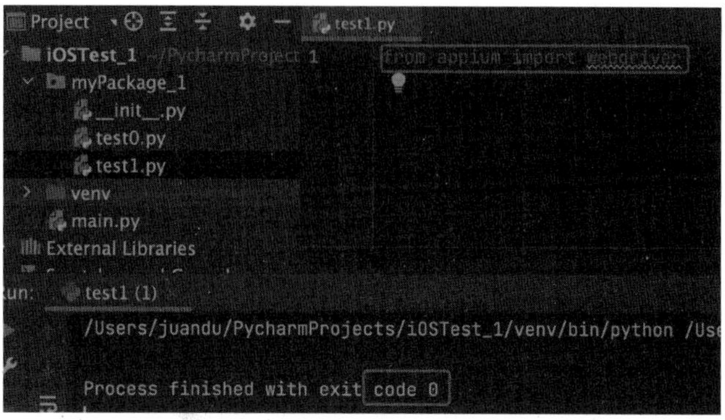

图 3-32　运行成功

3.3.4　初始化 WebDriverAgent

在运行自动化测试时，首先需要在 iOS 终端安装一个名为 WebDriverAgent 的 App，该 App 可作为 Appium Server 和被测 App 之间的桥梁。因此，在本节中，初始化 WebDriverAgent。

通过以下命令，完成 macOS 计算机中 WebDriverAgent 的初始化。

```
# 请以实际路径为主
% cd /Applications/Appium Server GUI.app/Contents/Resources/app/node_modules/appium/node_modules/appium-webdriveragent
# 不要进入 Scripts 目录，在外层目录执行 build.sh
% ./Scripts/build.sh
```

后续还要将 WebDriverAgent.xcodeproj 项目（在 /Applications/Appium Server GUI.app/Contents/Resources/app/node_modules/appium/node_modules/appium-webdriveragent 目录中）安装到模拟器和真机中。

> **知识小贴士** ▶ Appium 早期使用 UIAutomation 框架作为 Appium Server 和 iOS 终端 App 之间的桥梁。Facebook（现已改名为 Meta）的测试工程师在使用 Appium 的过程中，认为 UIAutomation 运行缓慢，于是开发并开源了 WebDriverAgent 以替代 UIAutomation。后来，Appium 官方移除了 UIAutomation，直接使用 WebDriverAgent。可惜的是，2019 年 12 月 26 日，Facebook 官方宣布不再维护 WebDriverAgent，于是该项目现在由 Appium 官方接手维护。
>
> 　Appium 包含 WebDriverAgent 环境，所以安装 Appium Server 的同时就已经在计算机中安装了 WebDriverAgent 项目。

3.3.5　安装 Appium Inspector

Appium Inspector（下文简称 Inspector）工具是一款专门用于查看 App 页面元素属性的检查器。本节讲解如何安装 Inspector。

如果你启动过 Appium Server GUI，并单击过右上角的放大镜形状的按钮（见图 3-33），你就会知道单击该按钮后浏览器会自动跳转到 Appium Inspector 的 GitHub 主页。

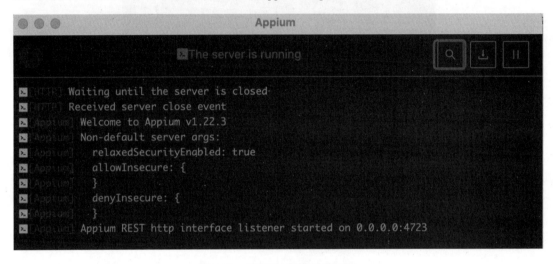

图 3-33　单击放大镜形状的按钮

向下滚动页面至 Installation 部分（见图 3-34），可以看到官方说明中 Inspector 发布了两种模式：一种作为桌面 App 使用，另一种作为一个 Web App 使用。虽然官方推荐使用 Web 版本，但因为网络等不可预知的因素，建议使用桌面 App 版本。

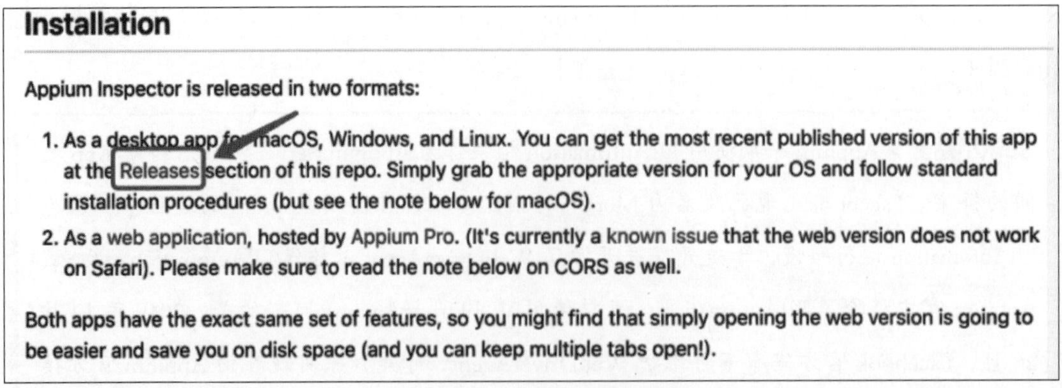

图 3-34　Installation 部分

当单击 Releases 超链接后，会自动跳转到 Inspector 发布版本的下载页，这里选择下载 DMG 格式的文件，如图 3-35 所示。

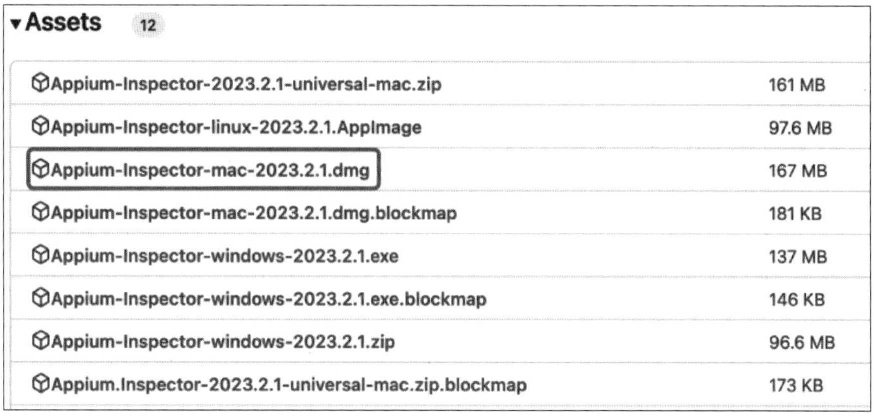

图 3-35　下载 DMG 格式的文件

下载完成后，双击文件进行安装。安装过程类似普通软件的安装过程。安装完成后，打开 Inspector，可以看到图 3-36 所示的界面。

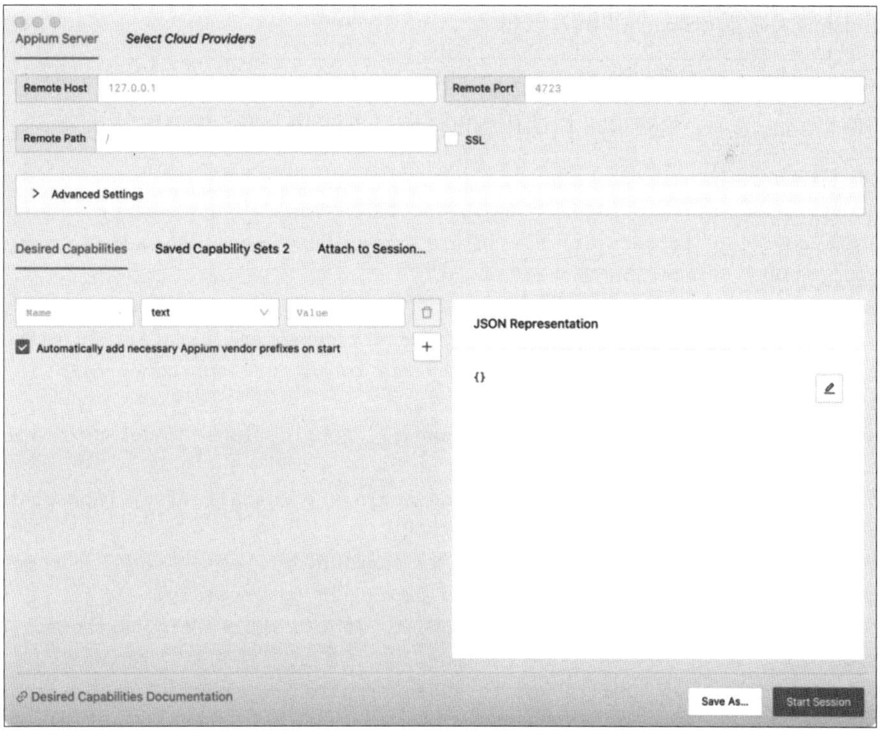

图 3-36　Inspector 初始界面

Inspector 实际上只是一个带有 UI 的 Appium 客户端（类似于 Appium Java 客户端、Appium Python 客户端等）。在 Inspector 界面中，可以指定要使用哪个 Appium 服务器、设置哪些功能，并在启动会话后与元素及其他 Appium 命令进行交互。

早期的 Inspector 工具集成在 Appium Desktop 工具中，但当前版本的 Appium Desktop 中已

不再包含该工具了。

3.3.6 安装 Appium-doctor

Appium-doctor 命令可用于检测 Appium 的相关环境是否配置成功。可以执行下述命令安装 Appium-doctor 工具。

```
npm install -g Appium-doctor
```

Appium-doctor 命令的选项如下。

- --version：显示版本号。
- --ios：检查 iOS 的环境配置。
- --android：检查 Android 的环境配置。
- --dev：检查 dev 的环境配置。
- --debug：显示 debug（调试）信息。
- -h（--help）：显示帮助信息。

这里使用 --ios 选项，检查 iOS 自动化测试环境是否部署成功，效果如下。

```
# 这里只展示部分信息
juandu@tals-MacBook-Air-936 ~ % Appium-doctor --ios
WARN AppiumDoctor [Deprecated] Please use Appium-doctor installed with "npm install @Appium/doctor --location=global"
info AppiumDoctor Appium Doctor v.1.16.2
info AppiumDoctor ### Diagnostic for necessary dependencies starting ###
info AppiumDoctor  ✔ The Node.js binary was found at: /opt/homebrew/bin/node
info AppiumDoctor  ✔ Node version is 18.9.0
info AppiumDoctor  ✔ Xcode is installed at: /Applications/Xcode.App/Contents/Developer
info AppiumDoctor  ✔ Xcode Command Line Tools are installed in: /Applications/Xcode.App/Contents/Developer
info AppiumDoctor  ✔ DevToolsSecurity is enabled.
info AppiumDoctor  ✔ The Authorization DB is set up properly.
info AppiumDoctor  ✔ Carthage was found at: /opt/homebrew/bin/carthage. Installed version is: 0.38.0
info AppiumDoctor  ✔ HOME is set to: /Users/juandu
……
info AppiumDoctor  ✔ ios-deploy is installed at: /opt/homebrew/bin/ios-deploy. Installed version is: 1.12.1
info AppiumDoctor Bye! Run Appium-doctor again when all manual fixes have been Applied!
info AppiumDoctor
```

如果上面某一项显示为"×"，则说明相关环境没有配置好，需要根据提示信息进行补充安装或配置。

3.4 自动化测试示例项目

Appium 官方提供了一个名为 ios-uicatalog 的项目，该项目是一个非常简单的 iOS 项目，适合用于 Appium 自动化测试的学习。该项目包括两个子项目，它们分别如下。

- UICatalog（适合在 Xcode 10 中运行）。
- UIKitCatalog（适合在 Xcode 11 中运行）。

打开 GitHub 官网，搜索 ios-uicatalog，进入项目详情页，单击 Code 按钮，再单击 Download ZIP 按钮，下载 ios-uicatalog 项目文件，如图 3-37 所示。

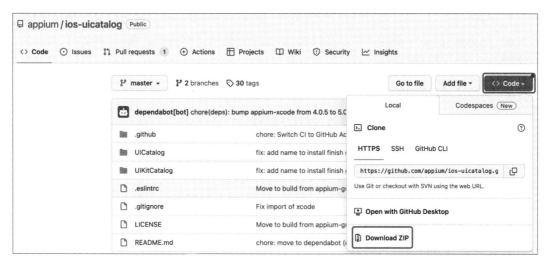

图 3-37　下载 ios-uicatalog 项目文件

下载完成后，对文件进行解压。

3.5 测试环境及其部署总结

iOS 自动化测试的环境部署对测试人员非常不友好。为确保万事俱备，本节对测试环境及其部署进行总结。

测试环境及其部署总结如下。

- 硬件：macOS 计算机。

- Xcode：iOS App 开发者工具，在应用商店中搜索并下载。
- Homebrew：macOS 软件包管理工具，使用 Ruby 安装。
- Node.js：通过官网下载，本书使用的版本为 18.9.0。
- cnpm：通过 NPM 安装，本书使用的版本为 8.4.0。
- ios-deploy：连接 iOS 10 及以上版本真机所需的依赖库。
- libimobiledevice：连接 iOS 9 真机所需的依赖库。
- carthage：WebDriverAgent 的依赖库，本书使用的版本为 0.38.0。
- Python：自动化测试脚本开发语言，通过官网下载，版本为 Python 3.x 系列，本书使用的版本为 3.9.6。
- PyCharm：Python IDE，通过官网下载，本书使用的版本为 Professional 2022。
- Appium Server GUI：Appium 的 UI 版本，通过官网下载，本书使用的版本为 1.22.3-4。
- Appium Server：本书使用 Appium Server 命令行版本，该版本通过命令行安装。
- Appium-Python-Client：可通过命令行或 PyCharm 安装。
- 待测试的 iOS 项目：从 GitHub 下载 ios-uicatalog 项目文件。
- WebDriverAgent：通过 build.sh 文件进行初始化。
- Appium Inspector：一款专门用于查看 App 页面元素属性的检查器，可从 GitHub 主页安装。
- Appium-doctor：用于检测 Appium 的相关环境是否配置成功，通过 NPM 工具安装。
- iOS 模拟器：使用 Xcode 自带模拟器。

第4章
Appium基本操作

本章先介绍 Appium 的相关概念、运行原理,然后介绍 Xcode、Appium Desktop、Appium Inspector 等工具的基本操作,为正式开展自动化测试做准备。

4.1 Appium 的组件与工作原理

Appium 的 API 基于 W3C（World Wide Web Consortium，万维网联盟）WebDriver 协议，并且已经支持该协议多年。在 W3C WebDriver 协议成为 Web 标准之前，Selenium 和 Appium 都使用的是其他协议，这些协议是 JSONWP（JSON Wire Protocol，JSON 有线协议）和 MJSONWP（Mobile JSON Wire Protocol，移动 JSON 有线协议）。

在 Appium 2.0 之前，Appium 支持 JSONWP 和 MJSONWP，因此较旧的 Selenium、Appium 客户端仍然可以与较新的 Appium 服务器通信。但官方明确表示，后续将删除对旧协议的支持。

4.1.1 Appium 的组件

Appium 由 Appium Server、Appium Client 两部分组成。

Appium Server 是 Appium 框架的核心。它是一个基于 Node.js 的 HTTP 服务器。Appium Server 的主要功能是接受 Appium Client 发起的连接，监听从客户端发送来的命令，将命令发送给 bootstrap.jar（在使用 iOS 的手机上为 bootstrap.js）执行，并将命令的执行结果通过 HTTP 响应反馈给 Appium Client。

因为 Appium 采用的是客户-服务器架构，有服务器端肯定就有客户端，Appium Client 就是客户端，它会给 Appium Server 发送请求会话来执行自动化测试。就像我们使用浏览器访问网页，浏览器是客户端，我们的操作会通过浏览器以 HTTP 请求的方式发送至服务器来获取数据。我们可以使用不同的客户端浏览器（Edge、Firefox、Chrome）访问同一个网页。目前，也有多种语言实现的 Appium Client，这些语言包括 Python、Java、Ruby 等，你需要用这些语言对应的 Appium Client 代替常规的 WebDriver 客户端，Appium 的测试脚本是通过这些 Appium Client（如果编写的是 Python 脚本，则需要对应的 Python Appium Client，其他语言同理）传递给 Appium Server 执行的。你可以在 GitHub 官网搜索 "Appium"，找到不同语言版本的 Appium Client。

前面指出 Appium 由 Appium Server 和 Appium Client 两部分组成，那么 Appium Desktop、Appium Server GUI 又分别是什么呢？实际上，这两个概念类似，不用对它们过于纠结，只需了解以下几点即可。

- 无论是 Appium Desktop 还是 Appium Server GUI 都包含 Appium Server 的功能。

- 它们都是图形前端，也是可视化界面系统，有分别针对 macOS 和 Windows 系统的安装软件，能够为测试脚本编写人员提供便捷的操作。
- Appium Server GUI 以自己的节奏发布，并拥有自己的版本控制系统，即 Appium Server GUI 的版本和 Appium 的版本是两个概念。
- Appium Desktop 曾经包含页面元素检查器（Inspector），但是现在该功能已经从 Appium Desktop 中独立出来，形成一个叫 Appium Inspector 的工具。

4.1.2　Appium 的工作原理

Appium 是一款开源的、适用于原生或混合 App 的自动化测试工具，Appium 应用 W3C WebDriver 驱动 Android App 和 iOS App。

1. Appium 的设计理念

Appium 旨在满足移动端自动化测试的需求，其设计理念如下。

- 不应该为了自动化而重新编译被测 App 或以任何方式修改它。Appium 使用系统自带的自动化测试框架，这样就不需要把 Appium 特定的或者第三方的代码编译进用户的 App，这意味着测试使用的 App 与最终发布的 App 完全一致。
- 编写、运行自动化测试脚本不应该被限制在特定的编程语言或框架上。Appium 把系统本身提供的框架包装进一套 WebDriver API 中。WebDriver 规定了一个客户 - 服务器协议，基于此，我们可以使用以各种编程语言编写的客户端向服务器发送适当的 HTTP（HyperText Transfer Protocol，超文本传送协议）请求。目前已经有多种使用流行编程语言编写的客户端，这意味着开发者可以根据自己的喜好选择以指定编程语言编写的客户端来开发自动化测试用例。换句话说，Appium、WebDriver 客户端从技术上讲不是测试框架，而是自动化程序库。
- 移动端自动化测试框架不应该在自动化 API 方面重复造"轮子"。目前，WebDriver 已经成为 Web 浏览器自动化事实上的标准，并且是一个 W3C 工作草案。因此，关于 Appium，不必在移动端做完全不同的尝试，而应该通过附加额外的 API 扩展协议。
- 移动端自动化测试框架应该开源，在精神、实践和名义上都应该如此。

2. Appium 的基本概念

在这里，我们先来了解后续学习中经常遇到的概念。

- 客户 - 服务器（client-server）：Appium 的核心是提供 REST 风格 API 的 Web 服务器。它接受来自客户端的连接，监听命令并在移动设备上执行自动化测试，通过 HTTP 响应来描述执行结果。实际上，客户 - 服务器架构给予了我们许多可能：我们可以使用任何支持 HTTP 客户端 API 的语言编写测试代码，不过 Appium 客户端程序库用起来更容易；我们可以把服务器放在另一台机器上，而不放在执行测试的机器上。

- 会话（session）：在 Appium 中，自动化测试始终在一个会话的上下文中执行，不同的客户端程序库以各自的方式发起与服务器的会话，但最终都会发送给服务器一个 POST/ 会话请求，该请求包含一个被称作 Desired Capabilities 的 JSON（JavaScript Object Notation，JavaScript 对象表示法）对象。服务器接收到请求后会开启自动化会话，并返回一个用于发送后续命令的会话 ID。

- Desired Capabilities：一些发送给 Appium 服务器的键值对集合，它告诉服务器我们想要启动什么类型的自动化会话。部分 Desired Capabilities 可以修改服务器在自动化过程中的行为。例如，可以将 platformName 能力设置为 Android，以告诉 Appium 我们想要启动 Android 会话，而不是 iOS 或者 Windows 会话；也可以将 safariAllowPopups 能力设置为 True，确保我们在 Safari 自动化会话期间可以使用 JavaScript 打开新窗口。

Appium 在移动端测试领域有很多优势，因此被广泛应用。

Appium 的优点如下。

- 可以跨平台，同时支持 Android 系统、iOS。
- 支持对原生 App、Web App 和混合 App 进行测试。
- 因为封装了 UIAutomator 框架，所以支持跨 App 操作。
- 可以同时控制多台设备，同时执行测试脚本，提高运行效率。
- 不依赖源码，使自动化测试可以同 App 开发分开，提高测试效率。
- 可以准确定位控件元素的位置，而不是根据坐标操作元素；即使界面进行了调整或修改，也能快速、准确地操作元素。
- 易于调试，方便定位问题。
- 支持多种语言，如 Java、Python、PHP、Ruby 等。
- 环境部署相对简单。
- 若用户具备 Selenium 使用经验，则能够快速上手 Appium。

Appium 的缺点如下。

- 执行速度稍慢。
- 对被测终端有一定配置要求。

- 用户需要具备一定的编程语言基础。

3. iOS 9.3 之前的 Appium 自动化测试工作原理

iOS 9.3 之前的 Appium 自动化测试工作原理如图 4-1 所示。

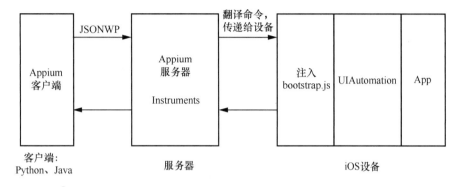

图 4-1 iOS 9.3 之前的 Appium 自动化测试工作原理

Appium 客户端执行代码并通过 JSONWP（JSON Wire Protocol）发送到 Appium 服务器（集成了苹果官方的 Instruments 框架）。Appium 服务器将一行行代码翻译成一条条命令，同时在 iOS 设备上注入 bootstrap.js。Appium 服务器与 bootstrap.js 通信，将命令传给 bootstrap.js，bootstrap.js 调用 iOS 设备里的自动化测试框架（UIAutomation），UIAutomation 执行命令。bootstrap.js 把执行结果返回给 Appium 服务器。Appium 服务器将执行结果返回给 Appium 客户端。Appium 客户端将结果显示到 PyCharm 等 IDE 中。

4. iOS 9.3 之后的 Appium 自动化测试工作原理

iOS 9.3 之后的 Appium 自动化测试工作原理如图 4-2 所示。

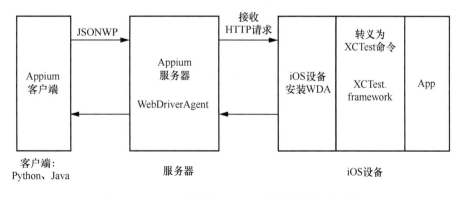

图 4-2 iOS 9.3 之后的 Appium 自动化测试工作原理

iOS 9.3（包含 iOS 9.3）之前一直以 Instruments 下的 UIAutomation 作为驱动底层技术，这

样做的弊端是受 Instruments 的限制，单台 macOS 计算机只能对应操作单台设备。

在 iOS 9.3 之后（iOS 10、Xcode 8 之后），苹果推出 XCUITest 工具，用以替代 UIAutomation。Appium 对 iOS App 的自动化测试主要通过 XCUITest 驱动。iOS 10 之后苹果直接废弃了 UIAutomation。

Appium 1.6 之后，Appium 集成了 WebDriverAgent（下文简称 WDA）。它可用于远程操作 iOS 设备，支持模拟器和真机测试；Appium 把整个 WDA 直接集成到自己的项目里，然后采用 WDA 的通信机制，Appium 只提供了不同语言的客户端，方便大家编写测试脚本和发送命令。

WDA 提供的是服务器功能，可借助 Appium 客户端，将测试命令发送到 WDA 端。WDA 提供了 WebDriverAgentRunner（下文简称 WDAR），它的功能类似 bootstrap.js 的功能。

WDAR 其实是一个 App，运行 Appium 客户端和 Appium 服务器之后，WDAR 会被自动安装到设备（真机或模拟器）上；当 WDA 与 WDAR 通信时，WDAR 会连接 iOS 底层的 XCTest.framework，调用苹果的 API 操作 iOS 设备完成 App 自动化。

Facebook 在 2017 年推出 WDA（实现的服务器能够支持单台 macOS 计算机对应多台设备）。

Appium 在 iOS 9.3 后全面采用 WDA 的方案。

Appium 2.x 开始使用 W3C 协议，自动化测试工作原理如图 4-3 所示。

客户端是 Appium 之前本身提供的。Appium 服务器是由 WDA 和 Instruments（Appium 把整个 WDA 直接集成到自己的项目里，Instruments 是为了支持 iOS 9.3 之前的系统而采用的）构成的。iOS 设备是一部手机。

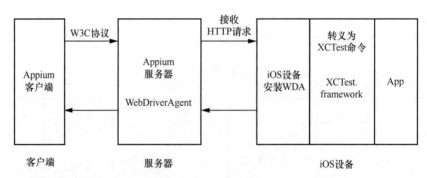

图 4-3 Appium 2.x 中的自动化测试工作原理

之前 Appium 服务器和 bootstrap.jar 通信，这里 WDA 提供了 WDAR（功能类似 bootstrap.jar 的功能），WDA 与之通信。WDAR 是一个 App，Appium 客户端和 Appium 服务器运行了之后，WDAR 会被自动安装到手机上，这个 App 会接收来自服务器的命令，并连接 iOS 底层的 XCTest.framework，告诉 XCTest.framework 操作手机进行自动化测试。

> **知识小贴士** ▶ WDA 由 Facebook 出品。WDA 实现了一个服务器，通过该服务器可以远程控制 iOS 设备，包括启动 App、关闭 App、单击、滚动等操作。另外，通过连接 XCTest.framework，WDA 可以调用苹果的 API 执行操作；WDA 还支持同时对多个设备进行自动化测试。
>
> 需要说明的是，WDA 仅提供了一个服务器，并没有像 Appium 一样提供 Java 或 Python 的客户端，所以 WDA 其实类似于 Appium 服务器，就只是一个服务器。

2020 年 Facebook 宣布不再维护 WDA，现在 WDA 的迭代和维护由 Appium 官方接手。

4.2　Xcode 基本操作

本节介绍 Xcode 基本操作。

4.2.1　Xcode 模拟器的下载

Xcode 默认安装了不同版本的模拟器。读者可以根据需要自行下载目标版本的模拟器，操作步骤如下。

依次选择 Xcode → Settings，在弹出的 Platforms 窗口中，单击 Platforms 标签，然后单击左下角的 按钮，如图 4-4 所示，选择 iOS。

图 4-4　Platforms 窗口

在打开的新对话框的文本框中输入关键字,以搜索模拟器目标版本,在搜索结果中选中目标版本,单击 Download & Install 按钮,即可完成安装,如图 4-5 所示。

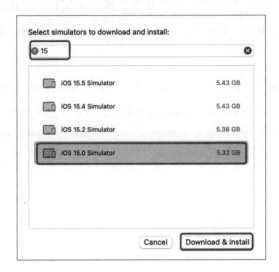

图 4-5　模拟器下载

4.2.2　Xcode 运行项目

打开从 GitHub 网站下载的 ios-uicatalog 文件所在的目录,进入 UIKitCatalog 文件夹,可以看到 UIKitCatalog.xcodeproj 文件,如图 4-6 所示。

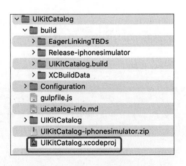

图 4-6　UIKitCatalog 文件夹

双击 UIKitCatalog.xcodeproj 文件,该文件会自动被 Xcode 打开。然后,在弹出的界面的左侧,选择 UIKitCatalog,在右侧选择 Signing & Capabilities,设置 Team 的名称,修改 Bundle Identifier 为唯一值,例如,将 com.example.apple-samplecode.UICatalog 修改为 com.storm.apple-samplecode.UICatalog。

设置完成后,单击功能区中的 ▶ 按钮即可使项目在模拟器中运行,如图 4-7 所示,效果如图 4-8 所示。

图 4-7　使项目在模拟器中运行　　　　　图 4-8　项目运行效果

在运行项目的过程中，Xcode 会在类似 /Users/juandu/Library/Developer/Xcode/DerivedData/UIKitCatalog-gdzebhtrarkehxetojfioimy qtls/Build/Products/Debug-iphonesimulator/ 的目录下生成一个扩展名为 .app 的文件。该文件将用于后续 Capabilities 的设置。

通过执行如下命令查看本地目录中是否存在 UIKitCatalog.app 文件。

```
# 文件编译目录
% cd /Users/juandu/Library/Developer/Xcode/DerivedData/UIKitCatalog-
gdzebhtrarkehxetojfioimyqtls/%Build/Products/Debug-iphonesimulator/
% ls -l
total 0
drwxr-xr-x  8 juandu  staff   256  3 14 21:54 UIKitCatalog.app
drwxr-xr-x  3 juandu  staff    96  3 12 14:14 UIKitCatalog.app.dSYM
drwxr-xr-x  6 juandu  staff   192  3 12 14:14 UIKitCatalog.swiftmodule
```

注意，请将上述路径中的 juandu 替换为你的用户名。

另外，你也可以自行选择启动模拟器的终端型号，如图 4-9 所示。

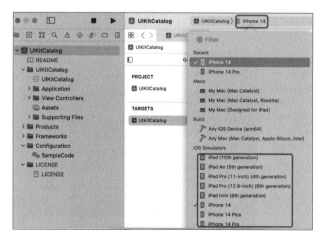

图 4-9　选择启动模拟器的终端型号

4.2.3 模拟器安装 WDA

现在，进入目录 /Applications/Appium Server GUI.app/Contents/Resources/app/node_modules/appium/node_modules/appium-webdriveragent/，找到 WebDriverAgent.xcodeproj 文件。

找到该文件后，双击 WebDriverAgent.xcodeproj，打开 Xcode，自动加载 WDA 项目。依次修改 TARGETS 下面的 WebDriverAgentLib 与 WebDriverAgentRunner 中的 Team 和 Bundle Identifier 信息，如图 4-10 所示。

图 4-10　修改 WDA 项目信息

信息修改完成后，单击 ▶ 按钮，创建项目。创建项目成功后，依次选择菜单栏中的 Product → Test，即可将 WDA 安装到模拟器，如图 4-11 所示。

图 4-11　将 WDA 安装到模拟器

Xcode 会自动启动模拟器，等待片刻后，模拟器中会安装 WebDriverAgentRunner App，如图 4-12 所示。

图 4-12　WebDriverAgentRunner App

在自动化测试过程中，运行 WDAR 项目的 Xcode 不能关闭，否则被测终端和 PC（Personal Computer，个人计算机）端之间的桥梁会断开。

如果要将 WDAR 安装到真机中，需要在手机上信任 WDA。操作方法是依次选择"设置"→"通用"→"描述文件与设备管理"，再选择 WebDriverAgentRunner，单击相应的信任项。

4.3 Appium Desktop 基本操作

本节讲述 Appium Desktop 工具的基本操作。单击 Appium Server GUI 图标[①]，打开图 4-13 所示的界面。

图 4-13 Appium Server GUI

部分读者对这个 Appium Server GUI 较熟悉，网络上很多 Appium 自动化测试的教程是基于该 GUI 来讲解的，所以在很多人的观念里，Appium Server GUI 就是 Appium，实际上这并不完全正确。

本书也会基于该 GUI 讲解 Appium 的基本用法。在大家掌握了 Appium 的知识点后，本书再过渡到非 GUI 模式，更高效地执行项目的自动化测试。

接下来，介绍 Appium Server GUI 中各区域的功能。

图 4-13 中，标签栏包括 Simple（简单）、Advanced（高级）、Presets（预设）这 3 个标签。默认显示 Simple 标签展开后的内容，你可以单击标签进行切换。

---

① 需要注意的是，在下载文件的时候，网页上介绍的是 Appium Desktop，而在打开程序后，显示的是 Appium Server GUI。

在 Simple 模式下，可以设置服务器主机 IP 地址及端口。使用本地调试可以将主机 IP 地址修改为 127.0.0.1 或实际 IP 地址，端口号默认为 4723，不用修改。

在 Advanced 模式下，有 General（常规）、iOS、Android 这 3 个选项组，如图 4-15 所示。其中，General 选项组用于设置 Server Address（服务器地址）、Server Port（服务器端口）、Logfile Path（日志文件路径）、Log Level（日志级别）等相关内容；iOS 选项组用于设置 WebDriverAgent Port（代理端口）、executeAsync Callback Host（执行异步回调主机）、executeAsync Callback Port（执行异步回调端口）等相关内容；Android 选项组用于设置 Bootstrap Port（启动端口）、Chromedriver Port（Chromedriver 端口）等相关内容。Advanced 设置界面如图 4-14 所示。

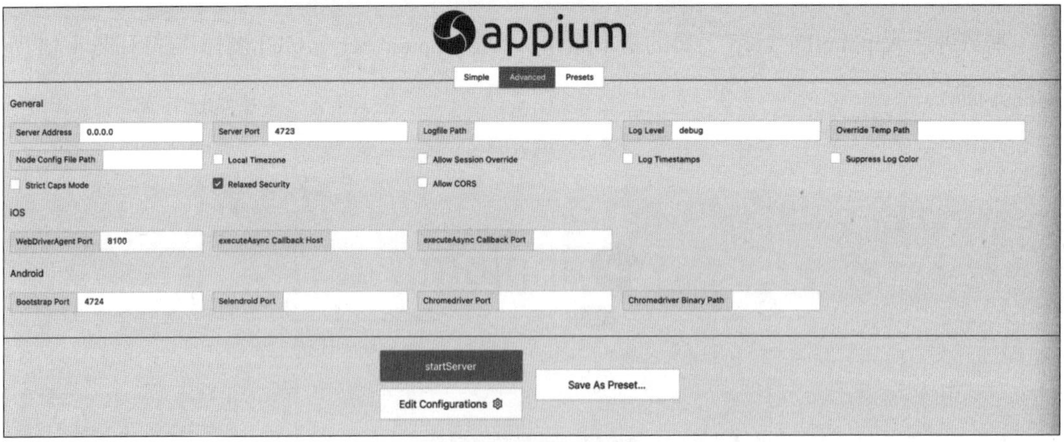

![图 4-14 Advanced 模式](advanced.png)

图 4-14　Advanced 模式

单击 Presets 标签，展示曾经保存的配置信息，如图 4-15 所示。

图 4-15　保存的配置信息

图 4-13 中，startServer 按钮用于启动服务器。如果配置正确，单击该按钮就会打开图 4-16 所示的控制台，将来 Appium 操作终端的日志信息会在这个控制台中输出。

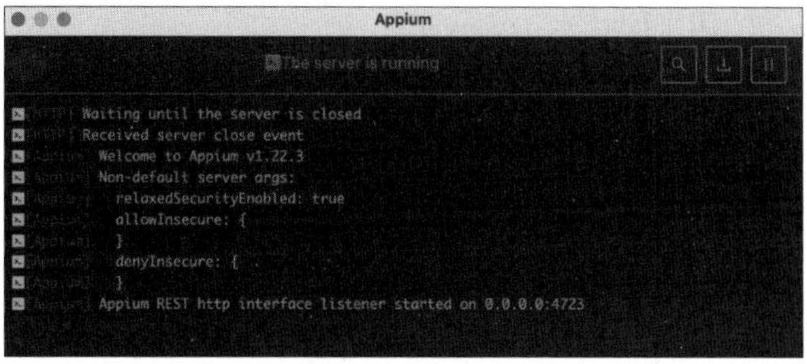

图 4-16 控制台

启动后控制台提示如下信息，表示 Appium 启动成功。

```
[HTTP] Waiting until the server is closed
[HTTP] Received server close event
[Appium] Welcome to Appium v1.22.3
[Appium] Non-default server args:
[Appium]   relaxedSecurityEnabled: true
[Appium]   allowInsecure: {
[Appium]   }
[Appium]   denyInsecure: {
[Appium]   }
[Appium] Appium REST http interface listener started on 0.0.0.0:4723
```

图 4-13 中，Edit Configurations 按钮用于修改配置。单击该按钮即可打开 Appium 配置窗口，如图 4-17 所示。如果要开展 Android 自动化测试，需要修改对应的 ANDROID_HOME、JAVA_HOME 两个环境变量的值，修改完成后，单击 Save and Restart 按钮即可。本书讨论 iOS 自动化测试，所以此处无须修改。

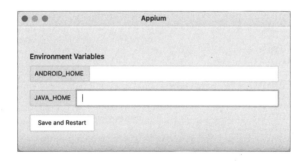

图 4-17 Appium 配置窗口

另外，图 4-16 右上角的 3 个按钮如下。

- ■（InspectorMoved）：用于跳转到 Appium Inspector 的 GitHub 主页。新版的 Appium Desktop GUI 不再包含 Inspector。

- ■（Get Row Logs）：用于下载 Appium Server 日志并将日志保存为 TXT 格式文档，然后打开。

- ■（Stop Server）：用于停止运行 Server。

至此，我们完成了 Appium Server GUI 的启动，并且简单介绍了 Appium Server GUI 中控件的功能和使用方法。

4.4 Appium Inspector 基本操作

本节介绍 Appium Inspector（下文简称 Inspector）工具的基本操作。

这里需要注意，启动 Inspector 之前，需要先启动 Appium 服务器。如果没有启动 Appium 服务器，直接单击 Inspector 右下角的 Start Session 按钮，则会提示图 4-18 所示的 Error 信息。

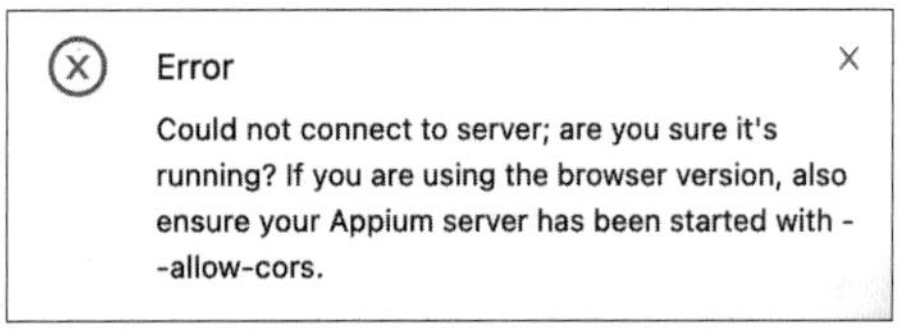

该 Error 信息的意思如下：Inspector 无法连接到服务器，你确定它正在运行吗？如果你正在使用浏览器版本，请确保你的 Appium 服务器使用 --allow-cors 启动。

图 4-18　Error 信息

首先启动 Appium Desktop，然后启动 Inspector。Inspector 启动后，初始窗口如图 4-19 所示。

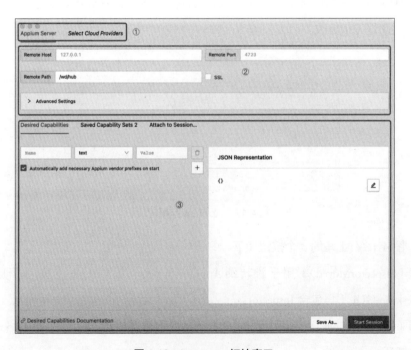

图 4-19　Inspector 初始窗口

4.4.1 Inspector 参数设置

本节讨论如何进行 Inspector 初始窗口（见图 4-19）中功能区域的参数设置。

在区域①中，通过切换标签，可以选择使用计算机上的 Appium Server 或者使用 Cloud Providers。默认选择 Appium Server 标签。

在区域②中，配置 Appium 服务器的参数项，主要包括以下几个。

- Remote Host：本地启动的 Appium 服务器的 Host（主机）地址，如果你在启动 Appium Desktop 时，没有修改过 Host，则此处保持默认值即可。
- Remote Port：本地启动的 Appium 服务器的 Port（端口），如果你在启动 Appium Desktop 时，没有修改过 Port，则此处保持默认值即可。
- Remote Path：本地启动的 Appium Server（Desktop）的 Path（路径），这里需要格外注意，默认值为 /，这里需要修改为 /wd/hub，否则会报与图 4-20 所示类似的错误。

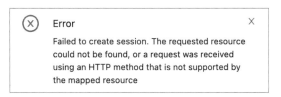

图 4-20　Path Error

- SSL：保持默认状态，不勾选。
- Advanced Settings：保持默认状态，不修改。

在区域③中，在启动 Inspector 前，还需要配置必要的 Desired Capabilities 参数（见图 4-21）。这里暂时只配置 appium:platformName、appium: platformVersion、appium:deviceName 参数。你可以通过键值对的形式添加 Desired Capabilities 参数，也可以直接编辑图 4-21 右侧的 JSON 信息。

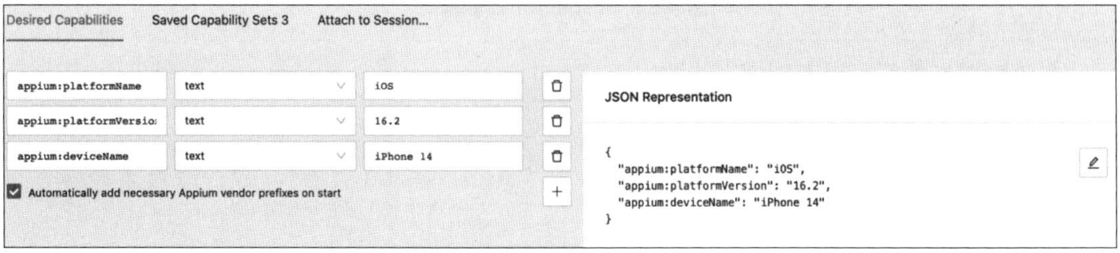

图 4-21　配置 Desired Capabilities 参数

注意，这里必须勾选 Automatically add necessary Appium vendor prefixes on start 复选框，否则启动 Inspector 时会报错。

配置好 Desired Capabilities，在 Saved Capability Sets 3 选项卡中，单击右下角的 Saved As 按钮，将其保存，方便后续直接加载 Desired Capabilities 信息。

如果你已经有一个运行的服务器，在 Attach To Session... 选项卡中，可以通过绑定 Session ID 的方式启动 Inspector。

Desired Capabilities 设置完毕后，单击右下角的 Start Session 按钮，启动会话，进入 Inspector 会话窗口，如图 4-22 所示。

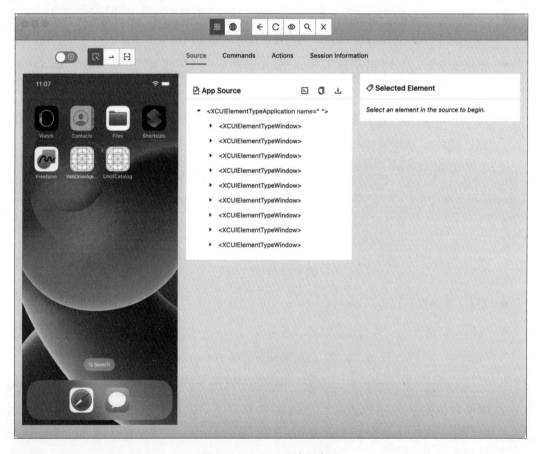

图 4-22　Inspector 会话窗口

在该窗口，我们可以看到模拟器的界面。

4.4.2　Inspector 定位元素

在模拟器上单击 UIKitCatalog，打开该 App，然后单击图 4-23 中①区域的刷新按钮。在 Inspector 中的左侧区域就能看到模拟器当前的页面了。Inspector 会话窗口的显示效果如图 4-23 所示。

图 4-23 Inspector 会话窗口的显示效果

对会话窗口的说明如下。

- 区域①：功能按钮区域，后续详细讲解。
- 区域②：页面展示区域，可以将设备的页面抓取过来。
- 区域③：功能标签区域，后续详细讲解。
- 区域④：App Source（App 源码）展示区域。
- 区域⑤：选定元素信息展示区域。

接下来，逐一介绍各个区域。

区域①包含以下 7 个按钮。

- ▦（Native App Mode，原生 App 模式）：如果要抓取的 App 是原生 App，就选择该模式。
- ◉（Web/Hybrid App Mode，Web App 或混合 App 模式）：如果要抓取的 App 是 Web App 或混合 App，就选择该模式。
- ◁（Back，后退）：单击该按钮，相当于在终端执行后退操作。
- ◌（Refresh Source & Screenshot，刷新源和屏幕截图）：单击该按钮，相当于刷新连接，重新显示终端屏幕信息。

- ◉（Start Recording，开始录制）/ ✕（Close Recorder，结束录制）：单击区域①中的第5个按钮，如图4-24所示，开始录制后续的操作。这里录制了两个操作，分别是单击Alert Views，以及进入详情页后，单击右上角返回按钮的操作。在右上方的Recorder中可以看到展示的代码。展开右上角的下拉列表可以选择不同的语言——Java、Python、Ruby等。下拉列表旁边的3个按钮分别代表Show/Hide Boilerplate Code（显示/隐藏样板代码）、Copy Code to Clipboard（将代码复制到剪贴板）、Clear Actions（清除操作）。大家可以尝试操作这些功能按钮，了解其用法即可。上述录制操作分为3步。第1步是单击 ⏸（开始录制）按钮。第2步是单击图4-24中左侧区域的Alert Views控件（此时只是选中效果）。第3步是单击图4-24中右下角区域的 ◈ 按钮（该按钮代表单击操作）。按照上述步骤就能录制一个完整的操作事件。

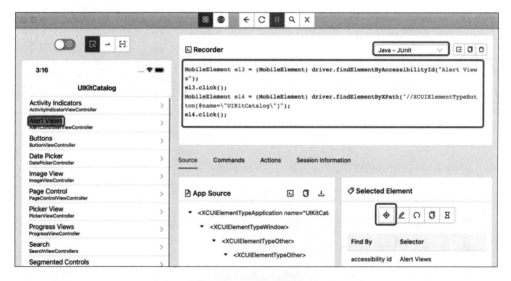

图4-24　录制测试脚本

- 🔍（Search for element，搜索元素）：用于验证定位元素的方式是否正确。元素定位方法将在第6章中详细介绍。这里简单演示一下如何借助该按钮判断某方法是否能定位到元素。单击该按钮，会弹出Search for element对话框，如图4-25所示。在Locator Strategy下方的下拉列表框中，选择Id；在Selector下方的文本框中，输入定位策略对应的值。单击Search按钮，如果能定位到元素，则会返回元素信息，如图4-26所示。

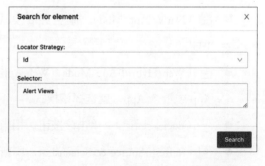

图4-25　Search for element对话框

图 4-26 返回元素信息

- ⊠（Quit Session & Close Inspector，退出会话和关闭检查器）：单击该按钮，退出会话并关闭 Inspector。

区域②上方包含 4 个按钮，下方为所连接的模拟器或终端页面展示区。4 个按钮如下。

- （Show Element Handles，显示元素句柄）：当开启后，会显示元素的选择点，一般情况下无须开启。

- （Select Elements，选择元素）：当该按钮显示为蓝色时，代表该功能处于激活状态（默认激活）。此时，单击元素，代表选中元素，即可在区域④和⑤中查看该元素的信息。这里选择的是 Alert Views 元素，在 App Source 中可以看到当前页面源码（树状结构），在 Selected Element 中可以看到该元素的属性及对应的值，如图 4-27 所示。

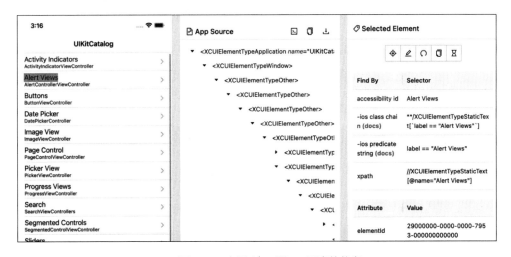

图 4-27 查看 Alert Views 元素的信息

- ⇥（Swipe By Coordinates，通过坐标滑动）：当该功能被激活时（对应按钮为蓝色的），在区域②单击两个点，Inspector 就会执行滑动操作（从第一个点滑动到第二个点），并且把该操作传递到模拟器或终端。图 4-28 展示了列表向上（先单击下方的点，再单击上方的点）滑动的效果。

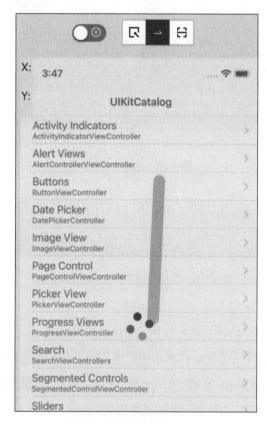

图 4-28　通过坐标滑动

- ⊞（Tap By Coordinates，通过坐标单击）：当该功能被激活时（对应按钮为蓝色的），单击区域②（左上角会显示点），可以将该单击操作传递到模拟器或终端。

区域③中共有以下 4 个标签。

- Source（源码）：当选择该标签时，区域④显示应用源码，区域⑤显示选中元素的属性等信息。
- Commands（命令）：执行命令。例如，在 Commands 选项卡中，从两个下拉列表中分别选择 Session、Session Capabilities，再单击 Get Session Capabilities 按钮，如图 4-29 所示，可以获取当前会话的 Desired Capabilities。注意，单击 Commands 标签，展开对应的选项卡，其中提供了一系列通过图形用户界面来执行命令的方式，读者可以多多尝试。

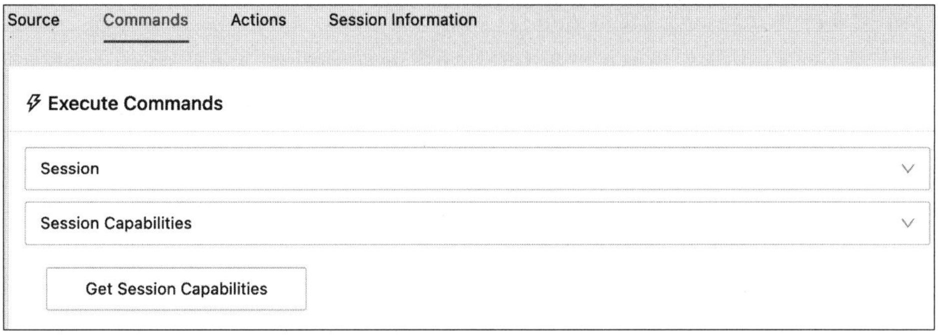

图 4-29 Commands 选项卡

- Actions（行为）：Inspector 提供了一系列 Action，用于模拟操作行为，实际操作过程中较少使用，这里不赘述。
- Session Information（会话信息）：用于展示当前会话的信息，并提供了创建这种会话的代码示例。

当在区域③中选择 Source 标签时，区域④展示 App 源码信息，如图 4-30 所示。

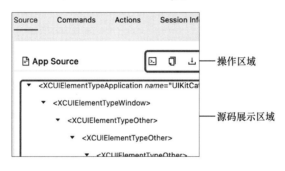

图 4-30 App 源码信息（部分）

该区域主要包括操作区域和源码展示区域。

单击 ⊡（Toggle Attributes，切换属性）按钮，可以在源码展示区域显示/取消显示元素的属性信息。

单击 ⎕（Copy XML Source to Clipboard，将 XML 源码复制到剪贴板）按钮，复制当前页面的 XML 源码。

单击 ⬇（Download Source as XML File，作为 XML 文件下载源码）按钮，可下载源码。

在源码展示区域中，源码信息以 XML 结构展示，可以通过单击各条目前的 ▼ 图标展开或收起源码层级；当源码横向显示不全时，下方会出现滚动条。

区域⑤是非常重要的一个区域，用来展示选定元素的信息，如图 4-31 所示。

该区域主要包括以下操作区域、定位区域和属性区域。

操作区域中从左到右的按钮依次如下。

- ⊕（Tap）：模拟单击操作，单击该按钮，终端会响应该操作，同时区域③的页面信息会刷新。
- ✎（Send Keys）：模拟输入操作，单击该按钮，会弹出一个对话框，在该对话框的文本框中输入文字后，可以将其发送到目标元素。
- ○（Clear）：清除操作，单击该按钮，会清除目标元素的文字信息。
- ▯（Copy Attributes to Clipboard）：单击该按钮，将元素属性信息复制到剪贴板。
- ⌇（Get Timing）：单击该按钮，定位区域将分别显示不同元素定位所需时长，如图 4-32 所示。

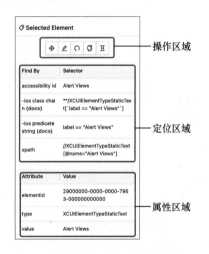

图 4-31　选定元素信息展示区域

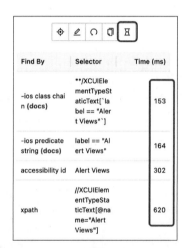

图 4-32　不同元素定位所需时长

通过图 4-32 中的 Time(ms) 列可以看出来，该元素的 xpath 定位方式最耗时。

定位区域用来显示 Inspector 推荐的元素定位方式。对于 Alert Views 元素来说，Inspector 推荐 4 种定位方式——使用 accessibility id、使用 -ios class chain、使用 -ios predicate string 和使用 xpath。

属性区域用来显示元素所有的属性及其对应的值。每个 Attribute 及其用法会在后文详细讲解。

简单总结一下，通过 Inspector 可以实现如下功能。

- 选择元素并高亮显示。
- 以 XML 格式显示应用程序的层级结构。
- 显示元素的定位信息。
- 发送命令到模拟器或真机，对元素进行操作。

- 通过坐标滑动。
- 通过坐标单击。
- 完成返回、刷新等操作。
- 录制测试脚本。
- 搜索元素。
- 复制 XML 源码。

除了 Inspector 以外，还有其他的元素定位工具，参见附录 B。

第5章
Appium终端操作

经过前面章节的铺垫，从本章开始，我们逐步学习如何借助 Appium 来操作 iOS App。

5.1 Capabilities 简介

Capabilities 是用于启动 Appium 会话的一个参数集合。集合中的信息用于描述你希望会话具有的"功能"类型，例如，某个移动操作系统或某个设备的某个版本。当你启动 Appium 会话时，你的 Appium 客户端将包含你在 JSON 格式的请求正文中作为对象定义的一组功能。功能表示为键值对，值可以是任意有效的 JSON 数据类型，包括其他对象。然后，Appium 将检查功能，确保在继续启动会话之前能够满足这些功能，并将表示会话的 ID 返回给客户端程序库。

Capabilities（字面意思为"能力"）的用途是配置 Appium 会话，用来告诉 Appium 服务器需要操作的平台和 App。Capabilities 是一个设置"键值对"的集合，其中"键"对应设置的名称，而"值"对应设置的值。如 "platformName":"iOS"（严格区分大小写）。Capabilities 主要用于通知 Appium 服务器建立需要的会话。Appium 客户端和服务器之间的通信都必须在一个会话的上下文中进行。客户端在发起通信的时候首先会发送一个叫作"Capabilities"的对象给服务器。服务器收到该数据后，会创建一个会话并将会话 ID 返回客户端。然后，客户端可以用该会话 ID 发送后续的命令。

> **知识小贴士** ▶ 在网络上有很多介绍 Desired Capabilities 的文章，其实这里介绍的 Capabilities 和 Desired Capabilities 是一个内容。只不过在旧版 Appium 中习惯将其称为 Desired Capabilities，而在 Appium 采用新协议（W3C 协议）后，则将其更改为 Capabilities。
>
> 另外，新旧协议之间的一个显著区别在于 Capabilities 中键的格式。以前的键直接写键名即可，如 platformName、platformVersion。现在每个键都需要添加一个所谓的"供应商前缀"，如 appium:platformName、appium:platformVersion。

在自动化测试中，常用的 Capabilities 配置如下。

```
# 定义一个字典
caps = {}
# 平台名称
caps["appium:platformName"] = "iOS"
# 平台版本
caps["appium:platformVersion"] = "16.2"
# 设备名称
caps["appium:deviceName"] = "iPhone 14"
# App 路径
```

```
caps["appium:app"] = "/Users/juandu/Library/Developer/Xcode/DerivedData/
UIKitCatalog-gdzebhtrarkehxetojfioimyqtls/Build/Products/Debug-iphonesimulator/
UIKitCatalog.app"
# 是否重置 App
caps["appium:noReset"] = True
```

以上内容还可以直接写成字典形式,如下所示。

```
caps = {
    "appium:platformName": "iOS",
    "appium:platformVersion": "16.2",
    "appium:deviceName": "iPhone 14",
    "appium:app": "/Users/juandu/Library/Developer/Xcode/DerivedData/UIKitCatalog-
    gdzebhtrarkehxetojfioimyqtls/Build/Products/Debug-iphonesimulator/
    UIKitCatalog.app",
    "appium:noReset":True
}
```

这里只介绍了 iOS 中少量常用的 Capabilities,其他可用的 Capabilities 可参考附录 C。

5.2 第一个 Appium 测试脚本

在本节中,编写第一个 Appium 测试脚本。

首先,自动安装 UIKitCatalog App,并启动 App,等待 3 s,退出 App。

然后,新建项目与文件夹。新建项目 iOSTest_1。新建文件夹 Chapter5,在该文件夹下创建 test5_3.py。

接下来,双击 Appium Server GUI,启动并运行 Appium Server GUI。

接下来,编写测试脚本(test5_3.py),如下所示。

```
from Appium import webdriver
from time import sleep

# 安装并启动 App,等待 3 s,退出 App
caps = {
    "appium:platformName": "iOS",
    "appium:platformVersion": "16.2",
    "appium:deviceName": "iPhone 14",
    "appium:app": "/Users/juandu/Library/Developer/Xcode/DerivedData/UIKitCatalog-
    gdzebhtrarkehxetojfioimyqtls/Build/Products/Debug-iphonesimulator/UIKitCatalog.
    app",
}
```

```
driver = webdriver.Remote("http://127.0.0.1:4723/wd/hub", caps)
# 休眠 3 s
sleep(3)
driver.quit()
```

运行测试脚本，请读者关注模拟器，模拟器会自动安装并启动 UIKitCatalog App，3 s 后，退出 App。同时，读者可关注 Appium Server GUI 中输出的日志。

from Appium import webdriver 中的 webdriver 模块和 Selenium 中的 webdriver 模块不一样。

若无特殊说明，本书的配套代码会按章节号保存，如 test5_3.py，大家可以在配套文件的 Chapter5 目录中找到。

> **知识小贴士** ▶ PyCharm 常用快捷键如下。
> - Command+D：用于复制粘贴当前行。
> - Command+/：用于注释。
> - 按住 Command 键，单击方法名称，可以打开该方法的源码。

5.3 Appium 报错与解决方案

在学习 Appium 的初始阶段，你可能会遇到一些报错情况。

Appium 服务未启动的相关信息如下。

- 现象：若使用 PyCharm 运行测试脚本，报告错误消息"urllib3.exceptions.MaxRetryError: HTTPConnectionPool(host='127.0.0.1', port=4723)..."。
- 报错分析：Appium 服务未正确启动。
- 解决方案：单击启动 Appium 按钮，出现"[Appium] Welcome to Appium"提示后运行测试脚本。

模拟器未启动的相关信息如下。

- 现象：当使用 PyCharm 运行测试脚本时，报告错误消息"Unable to boot device in current state: Booted"。
- 报错分析：模拟器未启动，或者真机未连接。
- 解决方案：使用 Xcode 启动模拟器或者正确连接真机。

模拟器未安装 WDA 的相关信息如下。

- 现象：当使用 PyCharm 运行测试脚本时，报告错误消息"selenium.common.exceptions.WebDriver Exception: ..."；同时 Appium Desktop 日志信息中显示："The simulator has '0' bundles which have 'WebDriverAgentRunner-Runner' as their 'CFBundleName': [WebDriverAgent] No WDAs on the device."。
- 报错分析：模拟器未安装 WDA。
- 解决方案：通过 Xcode 打开 WDA 项目，选择"Product"→"Test"，打开模拟器。

Desired Capabilities 传值错误的相关信息如下。

- 现象：当使用 PyCharm 运行测试脚本时，报告错误消息"selenium.common.exceptions.Invalid Argument-Exception: Message..."。
- 报错分析：无效的参数传递。
- 解决方案：检查并改正错误的值。
- 小提示：自动化测试运行前需检查如下内容。
    - Appium 服务器是否启动。
    - 设备、模拟器是否连接正常。
    - 设备、模拟器是否安装了 WDA。
    - 代码中是否配置了正确的 Capability。
    - PyCharm 中测试脚本是否有错误或风险提示。

在学习初期，执行代码时产生报错信息是难以避免的，大家需要静下心来，细读报错信息，查找并定位问题，修复后重试。解决问题的过程本身就是学习的过程。

5.4 Appium 终端基本操作

本节介绍 Appium 中用于实现终端基本操作的 API。

5.4.1 安装 App

我们可以借助 install_app("App 路径")，实现 App 安装，示例代码（test5_4.py）如下。

```
from appium import webdriver
from time import sleep
```

```
# 安装 App，该测试脚本不会打开 App
caps = {
    "appium:platformName": "iOS",
    "appium:platformVersion": "16.2",
    "appium:deviceName": "iPhone 14",
}
driver = webdriver.Remote("http://127.0.0.1:4723/wd/hub", caps)
driver.install_app("/Users/juandu/Library/Developer/Xcode/DerivedData/
UIKitCatalog-gdzebhtrarkehxetojfioimyqtls/Build/Products/Debug-iphonesimulator/
UIKitCatalog.app")
# 休眠 3 s
sleep(3)
driver.quit()
```

5.4.2 判断 App 是否安装

我们可以借助 is_app_installed("bundle_id") 来判断 App 是否安装，示例代码（test5_5.py）如下。

```
from appium import webdriver
from time import sleep

# 判断 App 是否安装
caps = {
    "appium:platformName": "iOS",
    "appium:platformVersion": "16.2",
    "appium:deviceName": "iPhone 14",
    "appium:app": "/Users/juandu/Library/Developer/Xcode/DerivedData/UIKitCatalog-
    gdzebhtrarkehxetojfioimyqtls/Build/Products/Debug-iphonesimulator/
    UIKitCatalog.app",

}
driver = webdriver.Remote("http://127.0.0.1:4723/wd/hub", caps)
# 这里需要传递 bundle_id
res = driver.is_app_installed("com.storm.apple-samplecode.UICatalog")
print(res)
# 休眠 3 s
sleep(3)
driver.quit()
```

代码运行完成，输出"True"。

5.4.3 将 App 切换到后台运行

本节介绍如何借助 back_ground(seconds=int)，将 App 切换到后台运行，示例代码（test5_6.py）如下。

```python
from appium import webdriver
from time import sleep

# 将 App 切换到后台运行
caps = {
    "appium:platformName": "iOS",
    "appium:platformVersion": "16.2",
    "appium:deviceName": "iPhone 14",
    "appium:app": "/Users/juandu/Library/Developer/Xcode/DerivedData/UIKitCatalog-gdzebhtrarkehxetojfioimyqtls/Build/Products/Debug-iphonesimulator/UIKitCatalog.app",
}

driver = webdriver.Remote('http://127.0.0.1:4723/wd/hub', caps)
# 等待 3 s
sleep(3)
# 使用 background_app()，将 App 切换到后台 3 s，3 s 后，让 App 返回前台
driver.background_app(3)
sleep(3)
driver.quit()
```

5.4.4 移除 App

这里演示如何借助 remove_app('bundle_id') 在设备上移除指定的 App。注意，在执行该代码前，请确保终端安装了 UIKitCatalog。示例代码（test5_7.py）如下。

```python
from appium import webdriver
from time import sleep

# 移除指定 App
caps = {
    "appium:platformName": "iOS",
    "appium:platformVersion": "16.2",
    "appium:deviceName": "iPhone 14",
}

driver = webdriver.Remote('http://127.0.0.1:4723/wd/hub', caps)
# 使用 remove_app('bundle_id')，移除 App
driver.remove_app('com.storm.apple-samplecode.UICatalog')
sleep(3)
driver.quit()
```

5.4.5 激活 App

如果 App 没有运行或正在后台运行，应该如何激活它呢？看下方的示例代码（test5_8.py）。

```
from appium import webdriver
from time import sleep

# 激活 App
caps = {
    "appium:platformName": "iOS",
    "appium:platformVersion": "16.2",
    "appium:deviceName": "iPhone 14",
}
# 因为 caps 中未指定 app 参数，所以不会安装和启动任何 App
driver = webdriver.Remote('http://127.0.0.1:4723/wd/hub', caps)
# 使用 activate_app('bundle_id')，激活 App
# driver.activate_app('com.storm.apple-samplecode.UICatalog')
sleep(3)
driver.quit()
```

activate_app() 不针对 Desired Capabilities，需要在圆括号中传递要激活的 App 的 bundle_id。当使用 driver.quit() 退出时，通过 activate_app() 激活的 App 不会关闭。

5.4.6　终止 App 运行

刚刚我们学过了可以借助 activate_app('bundle_id') 激活指定的 App，而使用 driver.quit() 不会关闭该 App。这里介绍一个终止 App 运行的 API，示例代码（test5_9.py）如下。

```
from appium import webdriver
from time import sleep

# 终止 App 运行
caps = {
    "appium:platformName": "iOS",
    "appium:platformVersion": "16.2",
    "appium:deviceName": "iPhone 14",
}
# 因为 caps 中未指定 app 参数，所以不会安装和启动任何 App
driver = webdriver.Remote('http://127.0.0.1:4723/wd/hub', caps)
# 使用 activate_app('bundle_id')，激活 App
driver.activate_app('com.storm.apple-samplecode.UICatalog')
sleep(3)
# 使用 terminate_app('bundle_id')，终止 App
driver.terminate_app('com.storm.apple-samplecode.UICatalog')
sleep(3)
driver.quit()
```

5.4.7 获取 App 的运行状态

在实际测试过程中,如果我们想获取 App 的运行状态该怎么操作呢?Appium 提供了 query_app_state('bundle_id') 方法,示例代码(test5_10.py)如下。

```python
from appium import webdriver
from time import sleep

# 获取 App 的状态信息
caps = {
    "appium:platformName": "iOS",
    "appium:platformVersion": "16.2",
    "appium:deviceName": "iPhone 14",
}
driver = webdriver.Remote('http://127.0.0.1:4723/wd/hub', caps)
# 等待 3 s
sleep(3)
# caps 中没有 app 信息,因此不会启动,state0=1
state0 = driver.query_app_state('com.storm.apple-samplecode.UICatalog')
print(state0)
# 激活 UIKitCatalog App
driver.activate_app('com.storm.apple-samplecode.UICatalog')
sleep(3)
# 处于启动状态的 App,state1=4
state1 = driver.query_app_state('com.storm.apple-samplecode.UICatalog')
print(state1)
driver.terminate_app('com.storm.apple-samplecode.UICatalog')
sleep(2)
# 处于关闭状态的 App,state2=1
state2 = driver.query_app_state('com.storm.apple-samplecode.UICatalog')
print(state2)
driver.quit()
```

说明如下。

- 若 App 未安装,state=0。
- 若 App 未启动,state=1。
- 若 App 在后台挂起,state=2。
- 若 App 在后台运行,state=3。
- 若 App 在前台运行,state=4。

5.4.8 获取当前窗口的宽和高

我们可以通过 get_window_size( ) 方法获取当前窗口的宽和高,示例代码如下。

```python
from appium import webdriver
from time import sleep

# 获取当前窗口的宽和高，返回值类型为字典
caps = {
    "appium:platformName": "iOS",
    "appium:platformVersion": "16.2",
    "appium:deviceName": "iPhone 14",
}
driver = webdriver.Remote('http://127.0.0.1:4723/wd/hub', caps)
# 等待3 s
sleep(3)
# 获取当前窗口的宽和高
win_size = driver.get_window_size()
print(win_size)
print(type(win_size))
driver.quit()
```

上述代码的运行结果如下。

```
{'width': 390, 'height': 844}
<class 'dict'>
```

因为返回的结果是一个字典，所以我们还可以使用字典的特性，通过键单独获取宽和高的值，示例代码如下。

```
windows = driver.get_window_size()
print(win_size["width"])
print(win_size["height"])
```

注意，如果我们想按照屏幕宽和高的比例（坐标）来操作目标元素，get_window_size()方法就非常重要，该操作将在6.9节中进行介绍。

另外，iOS Appium还支持如下API方法。

- driver.shake()：用于摇晃设备。

- driver.lock()：用于锁定设备。

- driver.unlock()：用于解锁设备。

- driver.is_locked()：用于判断设备是否锁定，返回一个布尔值，True表示锁定，False表示未锁定。

- print(driver.orientation)：用于获取当前屏幕的横竖屏状态。

- driver.orientation = 'LANDSCAPE'：用于设置横屏，仅支持模拟器。

- driver.orientation = 'PORTRAIT'：用于设置竖屏，仅支持模拟器。

注意，reset()、launch_app()和close_app()这3个API方法已经弃用。

另外，以下 API 方法只支持 Android 操作，不支持 iOS 操作。

- open_notifications()：用于实现打开通知栏的操作。
- set_network_connection(self,connection_type)：用于设置网络状态，使用数字或导入 ConnectionType 类进行传参设置。

本章介绍了常用的 Desired Capabilities，以及如何借助 Appium 提供的 API 对 App 进行操作，但这些操作仅限于 App 层面。

第6章
Appium中的元素定位

通过对第 5 章的学习,我们已经掌握了操作 App 的基本方法。本章讲述 Appium 中的元素定位。

6.1 元素定位方法概览

与 Web 自动化测试过程相似，在 App 自动化测试过程中，首先要解决的问题是元素定位，只有准确定位到了元素，才能对元素进行操作，进而模拟人类执行测试用例。Appium 继承了 Selenium 的部分元素定位方法，如使用 id 定位、使用 name 定位、使用 class 定位、使用 XPath 定位等。同时，Appium 结合移动端的特性，额外提供了适合移动端元素的定位策略，如使用 ACCESSIBILITY_ID 等。

需要注意的是，对于 iOS App 和 Android App，由于操作系统不同，因此元素属性和定位方法也存在一些差异。《Android 自动化测试实战》一书讲解了 Android App 的元素定位方法，本章将介绍如何使用 Appium 对 iOS App 的元素进行定位。

首先，在 PyCharm 中，通过以下语句，导入 AppiumBy() 方法。

```
# 请使用 AppiumBy() 方法
from appium.webdriver.common.appiumby import AppiumBy
# 请不要使用 MobileBy() 方法，该方法已经在 2.1.0 版本中移除
from appium.webdriver.common.mobileby import MobileBy
```

然后，输入"driver.find_el"，通过 PyCharm 的自动补全功能查看 Appium WebDriver 提供的元素定位方法，如图 6-1 所示。

图 6-1 查看 Appium WebDriver 提供的元素定位方法

从图 6-1 可以看到，目前 Appium 提供了两类元素定位方法——find_element() 和 find_elements()，并且这两类元素定位方法从方法名称上看非常接近。前者是用来定位单个元素的，后者是用来定位一组元素的。后面以示例的方式进行讲解。

图 6-2 find_element() 的官方说明

当把鼠标指针悬停在 find_element() 方法上时，该方法的用法、参数及返回值等官方说明会自动弹出，如图 6-2 所示。

通过图 6-2，我们可以获得以下信息。

- 通过指定元素定位策略并赋值，该方法可用于定位一个元素。

- 图 6-2 中的示例使用 ACCESSIBILITY_ID 这种定位策略来定位元素，常用的定位策略有很多，后续会逐一讲解。
- 该方法一共需要两个参数：一个是 by 参数，用来传递定位策略；另一个是 value 参数，用来传递定位器值。
- 该方法的返回值是一个元素对象。

尝试打开 AppiumBy( ) 方法的源码，其内容如下。

```
from selenium.webdriver.common.by import By

class AppiumBy(By):
    IOS_PREDICATE = '-ios predicate string'
    IOS_UIAUTOMATION = '-ios uiautomation'
    IOS_CLASS_CHAIN = '-ios class chain'
    ANDROID_UIAUTOMATOR = '-android uiautomator'
    ANDROID_VIEWTAG = '-android viewtag'
    ANDROID_DATA_MATCHER = '-android datamatcher'
    ANDROID_VIEW_MATCHER = '-android viewmatcher'
    # 弃用
    WINDOWS_UI_AUTOMATION = '-windows uiautomation'
    ACCESSIBILITY_ID = 'accessibility id'
    IMAGE = '-image'
    CUSTOM = '-custom'
```

从上述代码可以看到，AppiumBy( ) 方法实际上继承了 Selenium 的 By( ) 方法。此外，还可以看到 AppiumBy( ) 方法后面可以使用的定位策略。定位策略主要分为以下几类。

- IOS_×××：用于 iOS 的定位策略。
- ANDROID_×××：用于 Android 系统的定位策略。
- WINDOWS_×××：用于 Windows 系统的定位策略。
- 其他：iOS、Android 系统、Windows 系统都可用的定位策略。

本节简要介绍了 Appium WebDriver 提供的元素定位方法，大家了解即可，后面将详细介绍。

> **说明** ▶ 本章后续内容将使用 UIKitCatalog 这个 App 作为示例进行讲解。

6.2 通过 ACCESSIBILITY_ID 定位元素

Appium WebDriver 表面上只提供了两类元素定位方法，但每种定位方法可以使用的定位策略有多种。从本节开始,我们逐一讲解常用定位策略的使用方式。

test6_1.py 实现的效果是,打开 UIKitCatalog App,然后通过 ACCESSIBILITY_ID 属性定位 Alert Views 元素并单击,等待 3 s 后退出。其代码如下。

```
from appium import webdriver
from appium.webdriver.common.appiumby import AppiumBy
from time import sleep

# 通过ACCESSIBILITY_ID定位Alert Views元素并单击
caps = {
    "appium:platformName": "iOS",
    "appium:platformVersion": "16.2",
    "appium:deviceName": "iPhone 14",
    "appium:app": "/Users/juandu/Library/Developer/Xcode/DerivedData/UIKitCatalog-gdzebhtrarkehxetojfioimyqtls/Build/Products/Debug-iphonesimulator/UIKitCatalog.app",
    "appium:noReset": True
}
driver = webdriver.Remote("http://127.0.0.1:4723/wd/hub", caps)
sleep(1)
# 通过Inspector,查看Alert Views的ACCESSIBILITY_ID值
ele = driver.find_element(AppiumBy.ACCESSIBILITY_ID, 'Alert Views')
# click()方法用于实现单击效果
ele.click()
# 休眠1 s
sleep(1)
driver.quit()
```

从结果来看,代码执行成功了(模拟器界面正常跳转,PyCharm 的运行结果为 code 0)。

对于 iOS App 来说,name 或 label(两个属性的值相同)属性的值就是 ACCESSIBILITY_ID 的值,若这两个属性的值为空值,则无法使用该定位方式。

若加入的元素包含 accessibility id,则推荐优先使用该定位策略定位元素。

6.3 通过 CLASS_NAME 定位元素

CLASS_NAME 的值对应的是元素的 type 属性。一般来说,若 App 界面上相同的控件较多(如一个界面中有多个按钮),则这些控件就会有相同的 type 属性(按钮对应的控件名称为"XCUIElementTypeButton"。通过 CLASS_NAME 定位元素的示例代码如下。

```
find_element(AppiumBy.CLASS_NAME, "唯一值")
```

当 type 属性值不唯一时，一般很少使用 CLASS_NAME 定位单个元素，不过通过 type 定位组元素有天然的优势。

6.4 通过 IOS_CLASS_CHAIN 定位元素

本节演示如何通过 IOS_CLASS_CHAIN 定位元素。测试脚本实现的效果为，打开 UIKitCatalog App，单击 Alert Views。

在 test6_2.py 中，通过 IOS_CLASS_CHAIN 定位。

```python
from appium import webdriver
from appium.webdriver.common.appiumby import AppiumBy
from time import sleep

# 通过 IOS_CLASS_CHAIN 定位 Alert Views，并单击
caps = {
    "appium:platformName": "iOS",
    "appium:platformVersion": "16.2",
    "appium:deviceName": "iPhone 14",
    "appium:app": "/Users/juandu/Library/Developer/Xcode/DerivedData/UIKitCatalog-
        gdzebhtrarkehxetojfioimyqtls/Build/Products/Debug-iphonesimulator/UIKitCatalog.
        app",
    "appium:noReset": True
}
driver = webdriver.Remote("http://127.0.0.1:4723/wd/hub", caps)
sleep(1)
# 通过 Inspector，查看 Alert Views 的 IOS_CLASS_CHAIN 值
ele = driver.find_element(AppiumBy.IOS_CLASS_CHAIN, '**/XCUIElementTypeStaticText
    [`label == "Alert Views"`]')
# click() 方法用于实现单击效果
ele.click()
# 休眠 1 s
sleep(1)
driver.quit()
```

运行以上代码，成功打开 UIKitCatalog，并且单击 Alert Views，进入对应界面。

基于上述示例，我们简单总结一下。

- 可以直接使用 Inspector 推荐的 IOS_CLASS_CHAIN 的值。
- IOS_CLASS_CHAIN 的值实际上是 XML 的路径，可以使用绝对路径，也可以借助通配符使用相对路径。
- label 是属性字段。

IOS_CLASS_CHAIN 的其他用法如下。

```
# 选择第一个子窗口元素的第三个子按钮
find_elements(AppiumBy.IOS_CLASS_CHAIN, "XCUIElementTypeWindow/
XCUIElementTypeButton[3]")
# 选择树中所有名称以 "B" 开头的单元格元素
find_elements(AppiumBy.IOS_CLASS_CHAIN, "**/XCUIElementTypeCell[`name BEGINSWITH
"B"`]")
```

注意，IOS_CLASS_CHAIN 定位方法仅支持 iOS 10 或以上版本，仅限在 WDA 框架中使用，用于替代 XPath。

6.5 通过 IOS_PREDICATE 定位元素

iOS 还提供了一种谓词定位法，如 test6_3.py 所示。

```
from appium import webdriver
from appium.webdriver.common.appiumby import AppiumBy
from time import sleep

# 通过 IOS_PREDICATE 定位 Alert Views，并单击
caps = {
    "appium:platformName": "iOS",
    "appium:platformVersion": "16.2",
    "appium:deviceName": "iPhone 14",
    "appium:app": "/Users/juandu/Library/Developer/Xcode/DerivedData/UIKitCatalog-
    gdzebhtrarkehxetojfioimyqtls/Build/Products/Debug-iphonesimulator/UIKitCatalog.
    app",
    "appium:noReset": True
}
driver = webdriver.Remote("http://127.0.0.1:4723/wd/hub", caps)
sleep(1)
# 通过 Inspector，查看 Alert Views 的 IOS_PREDICATE 值
ele = driver.find_element(AppiumBy.IOS_PREDICATE, 'label == "Alert Views"')
# click() 方法用于实现单击效果
ele.click()
# 休眠 1 s
sleep(1)
driver.quit()
```

iOS 谓词定位法中的值由元素属性、运算符和值构成。

常见的元素属性如表 6-1 所示。

表 6-1 常见的元素属性

属性	说明
type	类型，类似 Web 元素的 Class name 和 Android 元素的 className
value	值，类似 Web 元素的 text
name	名称，iOS 的 name 比较特殊，可以用于 ACCESSIBILITY_ID 定位
label	标签，Web 元素和 Android 元素也有该属性
enabled	用于控制元素是否可用，Web 元素和 Android 元素也有该属性
visible	用于控制元素是否可见，Web 元素和 Android 元素也有该属性

上述代码使用了"=="运算符，该运算符表示等于的意思，是一种比较运算符。除此之外，常用运算符还有逻辑运算符、字符串相关运算符、集合运算符等。具体细节可参考附录 D。

知道了构造 IOS_PREDICATE 参数值的方法，接下来，构造一些使用 IOS_PREDICATE 定位元素的方式，以便熟练掌握其用法。

test6_4.py 通过在 value 中包含 Alert Views 构造 Alert Views 的 IOS_PREDICATE 值。

```
from appium import webdriver
from appium.webdriver.common.appiumby import AppiumBy
from time import sleep

# 通过 IOS_PREDICATE 定位 Alert Views，并单击
caps = {
    "appium:platformName": "iOS",
    "appium:platformVersion": "16.2",
    "appium:deviceName": "iPhone 14",
    "appium:app": "/Users/juandu/Library/Developer/Xcode/DerivedData/UIKitCatalog-gdzebhtrarkehxetojfioimyqtls/Build/Products/Debug-iphonesimulator/UIKitCatalog.app",
    # "appium:noReset": True
}
driver = webdriver.Remote("http://127.0.0.1:4723/wd/hub", caps)
sleep(1)
ele = driver.find_element(AppiumBy.IOS_PREDICATE, 'value CONTAINS "Alert Views"')
# click() 方法用于实现单击效果
ele.click()
# 休眠 1 s
sleep(1)
driver.quit()
```

test6_5.py 通过使 label 以 Alert 开头构造 Alert Views 的 IOS_PREDICATE 值。

```
from appium import webdriver
from appium.webdriver.common.appiumby import AppiumBy
from time import sleep
```

```python
# 通过 IOS_PREDICATE 定位 Alert Views，并单击
caps = {
    "appium:platformName": "iOS",
    "appium:platformVersion": "16.2",
    "appium:deviceName": "iPhone 14",
    "appium:app": "/Users/juandu/Library/Developer/Xcode/DerivedData/UIKitCatalog-gdzebhtrarkehxetojfioimyqtls/Build/Products/Debug-iphonesimulator/UIKitCatalog.app",
    # "appium:noReset": True
}
driver = webdriver.Remote("http://127.0.0.1:4723/wd/hub", caps)
sleep(1)
ele = driver.find_element(AppiumBy.IOS_PREDICATE, 'label BEGINSWITH "Alert"')
# click() 方法用于实现单击效果
ele.click()
# 休眠 1 s
sleep(1)
driver.quit()
```

test6_6.py 通过使 label 以 Views 结尾来构造 Alert Views 的 IOS_PREDICATE 值。

```python
from appium import webdriver
from appium.webdriver.common.appiumby import AppiumBy
from time import sleep

# 通过 IOS_PREDICATE 定位 Alert Views，并单击
caps = {
    "appium:platformName": "iOS",
    "appium:platformVersion": "16.2",
    "appium:deviceName": "iPhone 14",
    "appium:app": "/Users/juandu/Library/Developer/Xcode/DerivedData/UIKitCatalog-gdzebhtrarkehxetojfioimyqtls/Build/Products/Debug-iphonesimulator/UIKitCatalog.app",
    # "appium:noReset": True
}
driver = webdriver.Remote("http://127.0.0.1:4723/wd/hub", caps)
sleep(1)
ele = driver.find_element(AppiumBy.IOS_PREDICATE, 'label ENDSWITH "Views"')
# click() 方法用于实现单击效果
ele.click()
# 休眠 1 s
sleep(1)
driver.quit()
```

实际上，上述示例并不严谨，因为当前页面中 label 属性以 Views 结尾的元素并不止 Alert Views 一个，但这里使用的是 find_element() 方法，所以只会根据定位策略和定位方法查找元

素，一旦找到（第一个）就会将该元素返回，而 Alert Views 元素恰巧是第一个找到的元素。

test6_7.py 通过使 label 以 Al 开头并且以 s 结尾构造 Alert Views 的 IOS_PREDICATE 值。

```python
from appium import webdriver
from appium.webdriver.common.appiumby import AppiumBy
from time import sleep

# 通过 IOS_PREDICATE 定位 Alert Views，并单击
caps = {
    "appium:platformName": "iOS",
    "appium:platformVersion": "16.2",
    "appium:deviceName": "iPhone 14",
    "appium:app": "/Users/juandu/Library/Developer/Xcode/DerivedData/UIKitCatalog-gdzebhtrarkehxetojfioimyqtls/Build/Products/Debug-iphonesimulator/UIKitCatalog.app",
    # "appium:noReset": True
}
driver = webdriver.Remote("http://127.0.0.1:4723/wd/hub", caps)
sleep(1)
ele = driver.find_element(AppiumBy.IOS_PREDICATE, 'label BEGINSWITH "Al" AND
    label ENDSWITH "s"')
# click() 方法用于实现单击效果
ele.click()
# 休眠 1 s
sleep(1)
driver.quit()
```

上述脚本比较简单，仅用于演示 AND 在元素定位中的用法。若实际被测项目中的页面元素很多，元素的部分属性是相同的，就需要借助"组合元素属性"的方式来定位。

test6_8.py 通过正则表达式构造 Alert Views 的 IOS_PREDICATE 值。

```python
from appium import webdriver
from appium.webdriver.common.appiumby import AppiumBy
from time import sleep

# 通过 IOS_PREDICATE 定位 Alert Views，并单击
caps = {
    "appium:platformName": "iOS",
    "appium:platformVersion": "16.2",
    "appium:deviceName": "iPhone 14",
    "appium:app": "/Users/juandu/Library/Developer/Xcode/DerivedData/UIKitCatalog-gdzebhtrarkehxetojfioimyqtls/Build/Products/Debug-iphonesimulator/UIKitCatalog.app",
    "appium:noReset": True
}
driver = webdriver.Remote("http://127.0.0.1:4723/wd/hub", caps)
sleep(1)
# 通过正则表达式定位，^ 代表以什么开头，$ 代表以什么结尾
ele = driver.find_element(AppiumBy.IOS_PREDICATE, 'label MATCHES "^Al.*?s$"')
# click() 方法用于实现单击效果
ele.click()
# 休眠 1 s
```

```
sleep(1)
driver.quit()
```

正则表达式中有一些常用的通配符，如 ^ 代表以什么开头，$ 代表以什么结尾；. 代表除换行符以外的单个字符，* 代表任意一个或多个字符等，大家可学习且多多练习，熟练掌握正则表达式的用法。

其他运算符定位元素的方式这里就不赘述了，大家可以参照附录 E 中的示例自行学习。

6.6 通过 XPath 定位元素

虽然使用 XPath 定位元素消耗的时间较长，一般不推荐使用，但是这里结合代码演示一下 XPath 的用法。

test6_9.py 的具体代码如下。

```python
from appium import webdriver
from appium.webdriver.common.appiumby import AppiumBy
from time import sleep

# 通过 XPath 定位 Alert Views，并单击
caps = {
    "appium:platformName": "iOS",
    "appium:platformVersion": "16.2",
    "appium:deviceName": "iPhone 14",
    "appium:app": "/Users/juandu/Library/Developer/Xcode/DerivedData/UIKitCatalog-gdzebhtrarkehxetojfioimyqtls/Build/Products/Debug-iphonesimulator/UIKitCatalog.app",
    "appium:noReset": True
}
driver = webdriver.Remote("http://127.0.0.1:4723/wd/hub", caps)
sleep(1)
# 通过 XPath 定位，通过 Inspector 查看
ele = driver.find_element(AppiumBy.XPATH, '//XCUIElementTypeStaticText[@name="Alert Views"]')
# click() 方法用于实现单击效果
ele.click()
# 休眠 1 s
sleep(1)
driver.quit()
```

以上代码使用了 "@name="，就是在 "@" 后面添加属性，在 "=" 后面写属性值。当然，除了 name 属性之外，还可以使用其他属性。

6.7 使用相对方式定位元素

当目标元素较难定位时,我们可以先定位该目标元素的父级元素,在缩小元素树范围后,再定位目标元素。示例代码如下。

```
# 定位目标元素的父级元素
ele1 = driver.find_element(AppiumBy.ACCESSIBILITY_ID, 'Text Fields')
# 通过父级元素定位目标元素
ele1.find_element(AppiumBy.IOS_PREDICATE, '')
```

ele1 起到了类似传递的作用。

6.8 定位组元素

在 Appium WebDriver 中,find_element( ) 用来定位单个元素,find_elements( ) 用来定位组元素。本节讨论组元素的定位。

在 test6_6.py 中,当前页面中 label 属性以 Views 结尾的元素并不止 Alert Views 一个。如果不止一个,那么 label 属性的值以 Views 结尾的元素有几个呢?这里我们借助 find_elements( ) 方法来看一看。

test6_10.py 的代码如下。

```
from appium import webdriver
from appium.webdriver.common.appiumby import AppiumBy
from time import sleep

# 通过 IOS_PREDICATE 定位 Alert Views,并单击
caps = {
    "appium:platformName": "iOS",
    "appium:platformVersion": "16.2",
    "appium:deviceName": "iPhone 14",
    "appium:app": "/Users/juandu/Library/Developer/Xcode/DerivedData/UIKitCatalog-gdzebhtrarkehxetojfioimyqtls/Build/Products/Debug-iphonesimulator/UIKitCatalog.app",
    "appium:noReset": True
}
driver = webdriver.Remote("http://127.0.0.1:4723/wd/hub", caps)
```

```python
driver.implicitly_wait(10)
sleep(1)
# find_elements() 的返回值是元素对象列表
elements = driver.find_elements(AppiumBy.IOS_PREDICATE, 'label ENDSWITH "Views"')
# 输出返回值的类型
print(type(elements))
# 输出找到的元素数量
print(len(elements))
# 单击第一个元素，索引从 0 开始
elements[0].click()
# 休眠 1 s
sleep(1)
driver.quit()
```

上述代码的运行结果如下。

```
<class 'list'>
3
```

可以得到以下结论。

- find_elements() 的返回值的类型为 list。
- UIKitCatalog 首页有 3 个 label 属性的值以 "Views" 结尾的元素。

在实际工作中，哪些场景会用到组元素定位呢？简单总结为以下几种情况。

- 需要定位有共同特征（相同属性值）的元素，并逐一或循环对其操作。
- 页面中的元素很多，且都没有唯一属性值，这时，可以先定位组元素，然后使用索引定位单个元素。

test6_11.py 的具体代码如下。

```python
from appium import webdriver
from appium.webdriver.common.appiumby import AppiumBy
from time import sleep

# 要求输出页面中元素的 name 值
caps = {
    "appium:platformName": "iOS",
    "appium:platformVersion": "16.2",
    "appium:deviceName": "iPhone 14",
    "appium:app": "/Users/juandu/Library/Developer/Xcode/DerivedData/UIKitCatalog-gdzebhtrarkehxetojfioimyqtls/Build/Products/Debug-iphonesimulator/UIKitCatalog.app",
    "appium:noReset": True
}
driver = webdriver.Remote("http://127.0.0.1:4723/wd/hub", caps)
driver.implicitly_wait(10)
sleep(1)
# find_elements() 的返回值是元素对象列表
```

```python
# 当前页面元素的 type 都为 XCUIElementTypeStaticText
elements = driver.find_elements(AppiumBy.IOS_PREDICATE, 'type == "XCUIElementTypeStaticText"')
# 输出返回值的类型
print(type(elements))
# 输出找到的元素数量
print(len(elements))
# for 循环
# get_attribute() 用于获取元素属性值，后续将进行详细讲解
for ele in elements:
    print(ele.get_attribute('name'))
# 休眠 1 s
sleep(1)
driver.quit()
```

另外，我们还可以将谓词定位用到这里。test6_12.py 展示了谓词 LIKE 的用法。

```python
from appium import webdriver
from appium.webdriver.common.appiumby import AppiumBy
from time import sleep

# 要求输出页面中元素的 name 值
caps = {
    "appium:platformName": "iOS",
    "appium:platformVersion": "16.2",
    "appium:deviceName": "iPhone 14",
    "appium:app": "/Users/juandu/Library/Developer/Xcode/DerivedData/UIKitCatalog-gdzebhtrarkehxetojfioimyqtls/Build/Products/Debug-iphonesimulator/UIKitCatalog.app",
    "appium:noReset": True
}
driver = webdriver.Remote("http://127.0.0.1:4723/wd/hub", caps)
driver.implicitly_wait(10)
sleep(1)
# find_elements() 的返回值是元素对象列表
# 将 name 以 Views 结尾的元素的完整 name 值输出
elements = driver.find_elements(AppiumBy.IOS_PREDICATE, 'name LIKE "*Views"')
# for 循环
# get_attribute() 用于获取元素属性值
for ele in elements:
    print(ele.get_attribute('name'))
# 休眠 1 s
sleep(1)
driver.quit()
```

test6_13.py 展示了谓词 IN 的用法。

```python
from appium import webdriver
from appium.webdriver.common.appiumby import AppiumBy
from time import sleep
```

```python
# 通过谓词 IN 定位元素
caps = {
    "appium:platformName": "iOS",
    "appium:platformVersion": "16.2",
    "appium:deviceName": "iPhone 14",
    "appium:app": "/Users/juandu/Library/Developer/Xcode/DerivedData/UIKitCatalog-gdzebhtrarkehxetojfioimyqtls/Build/Products/Debug-iphonesimulator/UIKitCatalog.app",
    "appium:noReset": True
}
driver = webdriver.Remote("http://127.0.0.1:4723/wd/hub", caps)
driver.implicitly_wait(10)
sleep(1)
# find_elements() 的返回值是元素对象列表
# 只要符合集合中的 name 值，就定位元素
elements = driver.find_elements(AppiumBy.IOS_PREDICATE, "name IN {'Alert Views', 'Buttons'}")
# for 循环
# get_attribute() 用于获取元素的属性值
for ele in elements:
    print(ele.get_attribute('name'))
# 休眠 1 s
sleep(1)
driver.quit()
```

组元素的定位方式就讲解到这里，请大家在实际项目中认真体会。

6.9 使用坐标单击元素

在某些极端情况下，若页面元素无法被定位，就可以使用坐标单击元素。

不推荐使用绝对坐标单击目标元素。通过坐标单击元素的测试脚本存在明显的弊端，一旦元素位置发生改变，或者将来要在不同分辨率的手机上运行测试脚本，就会出现无法预知的错误。

使用坐标单击元素的方法如下。

```
tap(positions: List[Tuple[int, int]], duration: Optional[int] = None)
```

tap 关键字用来模拟手指单击元素的操作，该方法有两个参数。

第一个参数是 positions（要单击的位置、坐标），该参数是 list 类型的参数，最多包含 5 组坐标，每组坐标的 X 坐标和 Y 坐标用元组来表示。

第二个参数是 duration，代表单击的持续时间，单位是 ms。

通过 Inspector 确定单击 Alert Views 元素的合适的坐标，如图 6-3 所示。

根据坐标单击 Alert Views，test6_14.py 如下。

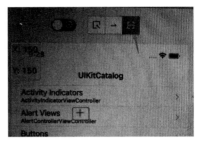

图 6-3　确定单击的元素的坐标

```
from appium import webdriver
from appium import webdriver
from appium.webdriver.common.appiumby import AppiumBy
from time import sleep

# 根据坐标单击
caps = {
    "appium:platformName": "iOS",
    "appium:platformVersion": "16.2",
    "appium:deviceName": "iPhone 14",
    "appium:app": "/Users/juandu/Library/Developer/Xcode/DerivedData/UIKitCatalog-
gdzebhtrarkehxetojfioimyqtls/Build/Products/Debug-iphonesimulator/UIKitCatalog.
app",
    "appium:noReset": True
}
driver = webdriver.Remote("http://127.0.0.1:4723/wd/hub", caps)
driver.implicitly_wait(10)
sleep(1)
# Alert Views 的坐标大致为 (150, 150)
elements = driver.tap([(150, 150)], 500)
# 休眠 1 s
sleep(1)
driver.quit()
```

使用坐标操作元素的测试脚本无法运行在分辨率不同的设备上，但更准确的说法是，采用绝对坐标定位确实如此，而采用相对坐标定位能解决该类问题。解决思路如下。

先获取屏幕分辨率，然后按照目标元素在屏幕中的位置（相对比例）去定位。在 test6_15.py 中，我们先通过 get_window_size() 方法获取屏幕分辨率，然后人工计算出 Alert Views 的坐标在整个屏幕上的相对位置，最后将相对位置传递给 tap() 以实现单击。因为即使在不同分辨率的手机上，Alert Views 在整个屏幕上的相对位置也基本一致，所以使用相对坐标操作的代码就可以实现在分辨率不同的手机上进行操作的效果了。

```
from appium import webdriver
from appium.webdriver.common.appiumby import AppiumBy
from time import sleep

# 通过坐标单击
```

```python
caps = {
    "appium:platformName": "iOS",
    "appium:platformVersion": "16.2",
    "appium:deviceName": "iPhone 14",
    "appium:app": "/Users/juandu/Library/Developer/Xcode/DerivedData/UIKitCatalog-gdzebhtrarkehxetojfioimyqtls/Build/Products/Debug-iphonesimulator/UIKitCatalog.app",
    "appium:noReset": True
}
driver = webdriver.Remote("http://127.0.0.1:4723/wd/hub", caps)
driver.implicitly_wait(10)
sleep(1)
# Alert Views 的有效单击坐标为 (150, 150)
x = driver.get_window_size()['width']*150/390
y = driver.get_window_size()['height']*150/840
elements = driver.tap([(x, y)], 500)
# 休眠 1 s
sleep(1)
driver.quit()
```

第7章
Appium中的元素操作

本章还以 UIKitCatalog App 为例讲解 Appium 中的元素操作。

7.1 元素的基本操作

在了解了如何操作 App 本身和如何定位 App 中的元素之后,我们学习关于 App 元素的基本操作。

在移动端,对元素的常见操作是单击(触屏)和输入,这些是我们在本节要学习的内容。

7.1.1 单击操作

首先,看元素的单击操作。

click() 方法用来实现单击操作。该方法使用起来非常简单,如果你想单击元素,只需首先定位目标元素,然后使用 click() 即可。单击操作的示例代码(test7_1.py)如下,实现的效果是,打开 UIKitCatalog App,单击 Alert Views。

```python
from appium import webdriver
from appium import webdriver
from appium.webdriver.common.appiumby import AppiumBy
from time import sleep

# 单击操作
caps = {
    "appium:platformName": "iOS",
    "appium:platformVersion": "16.2",
    "appium:deviceName": "iPhone 14",
    "appium:app": "/Users/juandu/Library/Developer/Xcode/DerivedData/UIKitCatalog-gdzebhtrarkehxetojfioimyqtls/Build/Products/Debug-iphonesimulator/UIKitCatalog.app",
    # "appium:noReset": True
}
driver = webdriver.Remote("http://127.0.0.1:4723/wd/hub", caps)
sleep(1)
# 定位元素
ele = driver.find_element(AppiumBy.ACCESSIBILITY_ID, 'Alert Views')
# click() 方法用于实现单击效果
ele.click()
# 休眠 1 s
sleep(1)
driver.quit()
```

7.1.2 输入操作

本节演示如何借助 send_keys( ) 方法在 Text Fields 页面的第一个文本框中输入"Storm",示例代码（test7_2.py）如下。

```python
from appium import webdriver
from appium.webdriver.common.appiumby import AppiumBy
from time import sleep

# 单击操作
caps = {
    "appium:platformName": "iOS",
    "appium:platformVersion": "16.2",
    "appium:deviceName": "iPhone 14",
    "appium:app": "/Users/juandu/Library/Developer/Xcode/DerivedData/UIKitCatalog-gdzebhtrarkehxetojfioimyqtls/Build/Products/Debug-iphonesimulator/UIKitCatalog.app",
    # "appium:noReset": True
}
driver = webdriver.Remote("http://127.0.0.1:4723/wd/hub", caps)
sleep(1)
# 定位元素 Text Fields,并单击
ele1 = driver.find_element(AppiumBy.ACCESSIBILITY_ID, 'Text Fields')
ele1.click()
# 这里不推荐使用 ios_class_chain
# 定位文本框,输入文字 "Storm"
ele2_xpath = '//XCUIElementTypeApplication[@name="UIKitCatalog"]/XCUIElementTypeWindow/XCUIElementTypeOther/XCUIElementTypeOther/XCUIElementTypeOther/XCUIElementTypeOther/XCUIElementTypeOther/XCUIElementTypeOther/XCUIElementTypeOther/XCUIElementTypeTable/XCUIElementTypeCell[1]/XCUIElementTypeTextField'
ele2 = driver.find_element(AppiumBy.XPATH, ele2_xpath)
ele2.send_keys('Storm')
# 休眠 1 s
sleep(1)
driver.quit()
```

Text Fields 页面中有多个文本框,每个文本框的属性信息都非常少。上述代码用了不太推荐的 XPath 定位策略。请读者思考一下是否有更好的定位策略。这里说明两点。

- 不建议使用"IOS_CLASS_CHAIN"方式（**/XCUIElementTypeTextField[`value == "Placeholder text"`][1]）来定位,因为只要在文本框中输入文字,该元素的 vlaue 就会变化。
- 可以尝试使用组元素定位,取第一个 type 为"XCUIElementTypeTextField"的元素。

```python
ele2 = driver.find_elements(AppiumBy.IOS_PREDICATE, 'type == "XCUIElementTypeTextField"')
ele2[0].send_keys('Storm')
```

7.1.3 清除操作

要清除文本框中的内容，可以使用 clear() 方法。在 test7_2.py 的基础上，增加清除文本框内容的代码，示例代码（test7_3.py）如下。

```python
from appium import webdriver
from appium import webdriver
from appium.webdriver.common.appiumby import AppiumBy
from time import sleep

# 单击操作
caps = {
    "appium:platformName": "iOS",
    "appium:platformVersion": "16.2",
    "appium:deviceName": "iPhone 14",
    "appium:app": "/Users/juandu/Library/Developer/Xcode/DerivedData/UIKitCatalog-gdzebhtrarkehxetojfioimyqtls/Build/Products/Debug-iphonesimulator/UIKitCatalog.app",
    # "appium:noReset": True
}
driver = webdriver.Remote("http://127.0.0.1:4723/wd/hub", caps)
sleep(1)
# 定位元素 Text Fields, 并单击
ele1 = driver.find_element(AppiumBy.ACCESSIBILITY_ID, 'Text Fields')
ele1.click()
# 组元素定位
ele2 = driver.find_elements(AppiumBy.IOS_PREDICATE, 'type == "XCUIElementTypeTextField"')
ele2[0].send_keys('Storm')
# 休眠 1 s
sleep(1)
ele2[0].clear()
sleep(1)
driver.quit()
```

注意，假设使用 test7_2.py 中的 XPath 定位策略定位文本框，则此处清除不成功。当我们输入文字后，第一个文本框的 value 属性的值已经改变。

7.1.4 提交操作

在混合 App 中的 Web 页面中，假设页面元素是 submit 类型的按钮，如图 7-1 所示。

图 7-1　submit 类型的按钮

我们可以借助 submit() 方法和对应按钮完成提交操作，执行效果类似 click() 方法的执行效果。需要注意的是，只有 type 为 submit 的元素，才可以使用 submit() 方法。

```
# 对于 submit 类型的按钮，可以使用 submit() 方法
driver.find_element(AppiumBy.IOS_PREDICATE, 'type == "submit"').submit()
```

7.2　元素的状态判断

某些时候（后面会展示应用场景），我们需要判断元素的状态，并根据元素的状态决定后续的操作。本节介绍如何判断元素的状态。

Appium 提供了以下 3 个用来判断元素的状态的方法。

- is_displayed() 方法：用于判断元素是否可见，该方法返回一个布尔值，True 代表目标元素可见，False 代表元素不可见。
- is_enabled() 方法：用于判断元素是否可用，该方法返回一个布尔值，True 代表目标元素可用，False 代表元素不可用。
- is_selected() 方法：用于判断元素是否被选中，该方法返回一个布尔值，True 代表目标元素被选中，False 代表元素未被选中。

这里打开 UIKitCatalog App，判断 Alert Views 元素是否可见，是否可用，是否被选中，示例代码（test7_4.py）如下。

```python
from appium import webdriver
from appium.webdriver.common.appiumby import AppiumBy
from time import sleep

caps = {
    "appium:platformName": "iOS",
    "appium:platformVersion": "16.2",
    "appium:deviceName": "iPhone 14",
    "appium:app": "/Users/juandu/Library/Developer/Xcode/DerivedData/UIKitCatalog-
    gdzebhtrarkehxetojfioimyqtls/Build/Products/Debug-iphonesimulator/UIKitCatalog.
    app",
    # "appium:noReset": True
}
driver = webdriver.Remote("http://127.0.0.1:4723/wd/hub", caps)
sleep(1)
# 定位元素 Alert Views,并单击
ele1 = driver.find_element(AppiumBy.ACCESSIBILITY_ID, 'Alert Views')
# 判断元素是否可见
print(ele1.is_displayed())
# 判断元素是否可用
print(ele1.is_enabled())
# 判断元素是否被选中
print(ele1.is_selected())
# 休眠 1 s
sleep(1)
driver.quit()
```

程序运行结果如下。
```
True
True
False
```

注意，元素可见并不意味着可用。假如一个元素出现在 XML 页面中，但是被其他元素覆盖或遮挡，则该元素是可见的，但是不可用。

7.3 元素的属性值获取

学习元素的基本操作是为了让自动化测试脚本模拟人类操作，执行自动化测试用例，学习如何获取元素的属性值是为了让自动化测试脚本模拟人类视觉，获得自动化测试用例的执行结果，进而对结果进行检查，以判断测试用例是否正确执行。

本节介绍如何获取元素的属性值。

7.3.1 获取元素的 id

注意，元素的 id 并非 accessibility id，而是 elementId。这里的 elementId 是 Selenium 内部使用的元素标识，每一个元素标识对应一个元素对象，我们可以借助 id 来判断两个元素是不是同一个元素。示例代码（test7_5.py）如下。

```python
from appium import webdriver
from appium.webdriver.common.appiumby import AppiumBy
from time import sleep

# 获取元素的 id
caps = {
    "appium:platformName": "iOS",
    "appium:platformVersion": "16.2",
    "appium:deviceName": "iPhone 14",
    "appium:app": "/Users/juandu/Library/Developer/Xcode/DerivedData/UIKitCatalog-gdzebhtrarkehxetojfioimyqtls/Build/Products/Debug-iphonesimulator/UIKitCatalog.app",
    "appium:noReset": True
}
driver = webdriver.Remote("http://127.0.0.1:4723/wd/hub", caps)
sleep(1)
# 通过 ACCESSIBILITY_ID 定位元素 Alert Views
ele1 = driver.find_element(AppiumBy.ACCESSIBILITY_ID, 'Alert Views')
# 通过 IOS_CLASS_CHAIN 定位元素 Alert Views
ele2 = driver.find_element(AppiumBy.IOS_CLASS_CHAIN, '**/XCUIElementTypeStaticText[`label == "Alert Views"`]')
# 输出 id
print("ele1 的 id 是 {}".format(ele1.id))
print("ele2 的 id 是 {}".format(ele2.id))
print("两者是不是同一元素：", ele1.id == ele2.id)
# 休眠 1 s
sleep(1)
driver.quit()
```

运行结果如下。

```
ele1 的 id 是 2A000000-0000-0000-EE41-010000000000
ele2 的 id 是 2A000000-0000-0000-EE41-010000000000
两者是不是同一元素：True
```

7.3.2 获取元素的 text 值

在实际的自动化测试过程中，我们经常会通过 text 获取目标元素的文本信息，用该文本信息和预期文本对比，检查测试用例结果。要获取首页中 Alert Views 元素的 text 值，示例代码

（test7_6.py）如下。

```python
from appium import webdriver
from appium.webdriver.common.appiumby import AppiumBy
from time import sleep

# 获取元素的 text 值
caps = {
    "appium:platformName": "iOS",
    "appium:platformVersion": "16.2",
    "appium:deviceName": "iPhone 14",
    "appium:app": "/Users/juandu/Library/Developer/Xcode/DerivedData/UIKitCatalog-gdzebhtrarkehxetojfioimyqtls/Build/Products/Debug-iphonesimulator/UIKitCatalog.app",
    "appium:noReset": True
}
driver = webdriver.Remote("http://127.0.0.1:4723/wd/hub", caps)
sleep(1)
# 通过 ACCESSIBILITY_ID 定位元素 Alert Views
ele1 = driver.find_element(AppiumBy.ACCESSIBILITY_ID, 'Alert Views')
# 获取元素的 text 值
print("ele1 的 text 是：{}".format(ele1.text))
# 休眠 1 s
sleep(1)
driver.quit()
```

7.3.3 获取元素的位置

要获取元素在页面中的位置，可以使用 location 和 location_in_view，示例代码（test7_7.py）如下。

```python
from appium import webdriver
from appium.webdriver.common.appiumby import AppiumBy
from time import sleep

# 获取元素在页面中的位置
caps = {
    "appium:platformName": "iOS",
    "appium:platformVersion": "16.2",
    "appium:deviceName": "iPhone 14",
    "appium:app": "/Users/juandu/Library/Developer/Xcode/DerivedData/UIKitCatalog-gdzebhtrarkehxetojfioimyqtls/Build/Products/Debug-iphonesimulator/UIKitCatalog.app",
    "appium:noReset": True
}
driver = webdriver.Remote("http://127.0.0.1:4723/wd/hub", caps)
```

```
sleep(1)
# 通过 ACCESSIBILITY_ID 定位元素 Alert Views
ele1 = driver.find_element(AppiumBy.ACCESSIBILITY_ID, 'Alert Views')
# 输出 Alert Views 元素在页面中的位置
print("获取元素在页面中的位置（方法一）：{}".format(ele1.location))
print("获取元素在页面中的位置（方法二）：{}".format(ele1.location_in_view))
# 休眠 1 s
sleep(1)
driver.quit()
```

运行代码后，结果如下。

获取元素在页面中的位置（方法一）：{'x': 720, 'y': 1502}
获取元素在页面中的位置（方法二）：{'x': 720, 'y': 1502}

7.3.4 获取元素的其他信息

接下来，我们看一下获取元素的内部引用、大小和位置、tag_name 属性等信息的方法。示例代码（test7_8.py）如下。

```
from appium import webdriver
from appium.webdriver.common.appiumby import AppiumBy
from time import sleep

# 获取元素的其他信息
caps = {
    "appium:platformName": "iOS",
    "appium:platformVersion": "16.2",
    "appium:deviceName": "iPhone 14",
    "appium:app": "/Users/juandu/Library/Developer/Xcode/DerivedData/UIKitCatalog-gdzebhtrarkehxetojfioimyqtls/Build/Products/Debug-iphonesimulator/UIKitCatalog.app",
    "appium:noReset": True
}
driver = webdriver.Remote("http://127.0.0.1:4723/wd/hub", caps)
sleep(1)
# 通过 ACCESSIBILITY_ID 定位元素 Alert Views
ele1 = driver.find_element(AppiumBy.ACCESSIBILITY_ID, 'Alert Views')
# 输出元素的信息
print("在 WebDriver 实例中找到此元素的内部引用：{}".format(ele1.parent))
print("包含元素大小和位置的字典：{}".format(ele1.rect))
print("元素的大小：{}".format(ele1.size))
print("获取元素的 tag_name 属性：{}".format(ele1.tag_name))
print("获取元素的文本值：{}".format(ele1.text))
# 休眠 1 s
sleep(1)
```

```
driver.quit()
```

代码运行结果如下。

```
在 WebDriver 实例中找到此元素的内部引用：<appium.webdriver.webdriver.WebDriver (session="
d7645112-7f1e-4ba4-9308-071b72f1f507")>
包含元素大小和位置的字典：{'y': 140, 'x': 20, 'width': 86, 'height': 21}
元素的大小：{'height': 21, 'width': 86}
元素的 tag_name 属性：XCUIElementTypeStaticText
元素的文本值：Alert Views
```

第 8 章
Appium高级操作

本章介绍 Appium 高级操作，如多点触控、屏幕截图等，为后续封装自动化测试框架做准备。

8.1 Appium Server 1.x 中的触控操作

移动端的交互比 Web 端的更加丰富，除了常见的单击（触屏）之外，还有长按、滑动屏幕、多点触控等。本节介绍与移动端的交互。

Appium Server 2.0 之前，在移动端设备上的单点触屏与多点触控操作分别由 TouchAction 类和 MultiAction 类实现。

8.1.1 轻触坐标点

首先，启动 Appium Server GUI（版本为 1.x）。

TouchAction 是用于单点触屏的类，常用于模拟用户的单点触屏操作。该类需要先导入 TouchAction 包才可以使用。示例代码如下。

```
from appium.webdriver.common.touch_action import TouchAction
```

接下来，展示第一个 TouchAction 操作——使用 tap() 通过坐标实现单指轻触，示例代码（test8_1.py）如下。

```python
from appium import webdriver
from appium.webdriver.common.appiumby import AppiumBy
from time import sleep
# 导入 TouchAction 包
from appium.webdriver.common.touch_action import TouchAction

# TouchAction 操作
caps = {
    "appium:platformName": "iOS",
    "appium:platformVersion": "16.4",
    "appium:deviceName": "iPhone 14",
    "appium:app": "/Users/juandu/Library/Developer/Xcode/DerivedData/UIKitCatalog-gdzebhtrarkehxetojfioimyqtls/Build/Products/Debug-iphonesimulator/UIKitCatalog.app",
    # "appium:noReset": True
}
driver = webdriver.Remote("http://127.0.0.1:4723/wd/hub", caps)
driver.implicitly_wait(5)
ele1 = driver.find_element(AppiumBy.ACCESSIBILITY_ID, 'Text Fields')

# 使用坐标轻触
TouchAction(driver).tap(x=150, y=150).perform()
sleep(3)
```

```
driver.quit()
```

一般情况下，我们不使用坐标单击元素，因为不同的屏幕具有不同的大小，目标元素在屏幕上的坐标会发生变化。

如果一定要使用坐标单击元素，建议先获取屏幕大小，然后按照目标元素在屏幕上的相对位置来单击。

8.1.2 轻触目标元素

除了坐标外，还可以向tap()传递目标元素来实现单指轻触的效果，示例代码（test8_2.py）如下。

```
from appium import webdriver
from appium.webdriver.common.appiumby import AppiumBy
from time import sleep
from appium.webdriver.common.touch_action import TouchAction

# TouchAction 操作
caps = {
    "appium:platformName": "iOS",
    "appium:platformVersion": "16.4",
    "appium:deviceName": "iPhone 14",
    "appium:app": "/Users/juandu/Library/Developer/Xcode/DerivedData/UIKitCatalog-gdzebhtrarkehxetojfioimyqtls/Build/Products/Debug-iphonesimulator/UIKitCatalog.app",
    # "appium:noReset": True
}
driver = webdriver.Remote("http://127.0.0.1:4723/wd/hub", caps)
driver.implicitly_wait(5)
ele1 = driver.find_element(AppiumBy.ACCESSIBILITY_ID, 'Text Fields')
# 可以传递目标元素来实现单指轻触的效果
TouchAction(driver).tap(ele1).perform()
sleep(3)
driver.quit()
```

笔者较少使用tap()，而更多使用click()方法，因为使用后者能够更加便利地实现相同的效果。

8.1.3 长按操作

Appium Server 1.x 通过 long_press() 实现长按操作，示例代码（test8_3.py）如下。

```
from appium import webdriver
```

```python
from appium.webdriver.common.appiumby import AppiumBy
from time import sleep
from appium.webdriver.common.touch_action import TouchAction

# TouchAction 操作
caps = {
    "appium:platformName": "iOS",
    "appium:platformVersion": "16.4",
    "appium:deviceName": "iPhone 14",
    "appium:app": "/Users/juandu/Library/Developer/Xcode/DerivedData/UIKitCatalog-gdzebhtrarkehxetojfioimyqtls/Build/Products/Debug-iphonesimulator/UIKitCatalog.app",
    # "appium:noReset": True
}
driver = webdriver.Remote("http://127.0.0.1:4723/wd/hub", caps)
driver.implicitly_wait(5)
ele1 = driver.find_element(AppiumBy.ACCESSIBILITY_ID, 'Text Fields')
# 可以传递目标元素来实现单指轻触
TouchAction(driver).tap(ele1).perform()
# 定位第一个文本框
ele2 = driver.find_elements(AppiumBy.IOS_PREDICATE, 'type == "XCUIElementTypeTextField"')[0]
ele2.send_keys('storm')
sleep(2)
TouchAction(driver).long_press(ele2, 3000).release().perform()
sleep(3)
driver.quit()
```

long_press() 接收两个参数：第一个参数是要长按的目标元素；第二个参数是长按的时间，单位是毫秒。

注意，长按后，需要先使用 release() 释放按键，再使用 perform() 执行操作。

8.1.4 长按、拖动操作

长按元素，拖曳到目标元素上，示例代码如下。

```
# TouchAction 将等待完成 longPress 操作而不是 moveTo 操作
action = TouchAction(driver);
action.long_press(ele1, 3000).wait(3000).move_to(ele2).release().perform();
```

说明如下。

- 使用 long_press(ele1, 3000)，实现长按效果。
- 使用 wait(3000)，实现等待效果，目的是等待拖动到目标元素。
- 使用 move_to(ele2)，实现拖动到目标元素的效果。

- 使用 release( ) 来释放按键。
- 使用 perform( ) 来执行操作。

关于 TouchAction 类支持的常用操作，简单总结如下。

- press(self,el=None,x=None,y=None)：按压一个元素或坐标，el 为要单击的元素，x、y 为坐标。
- long_press(self,el=None,x=None,y=None,duration=1000)：长按一个元素或坐标，默认长按的时间为 1000 ms。
- tap(self,element=None,x=None,y=None,count=1)：对一个元素或控件执行单击操作。
- move_to(self,el=None,x=None,y=None)：将鼠标指针从上一个点移动到指定的元素或点。
- wait(self,ms=0)：等待时间，单位为毫秒。
- release(self)：释放，结束屏幕上的一系列操作。
- perform(self)：执行，将待执行的操作发送到服务器。

8.1.5 多点触控

iOS Appium 的 MultiAction 类用于模拟用户的多点触控操作。首先，需要导入 TouchAction 和 MultiAction 两个包，示例代码如下。

```
from appium.webdriver.common.touch_action import TouchAction
from appium.webdriver.common.multi_action import MultiAction
```

多点触控对象是触摸操作的集合，多点触控手势只对应 add( ) 和 perform( ) 两种方法。

add( ) 用于添加另一个触摸操作到多点触控对象。

当 perform( ) 被调用时，添加到多点触控对象的所有触摸操作都被发送到 App 并在 App 中执行，就像它们同时发生一样。Appium 首先执行所有触摸操作的第一个事件，然后执行第二个，以此类推。

接下来，我们看两个示例。

第一段示例代码（test8_4.py）用于实现放大效果（两个手指向外张开）。

```
# 获取窗口的宽和长
x = driver.get_window_size()['width']
y = driver.get_window_size()['height']
# 放大效果
action1 = TouchAction(driver)    # 第一个手势
action2 = TouchAction(driver)    # 第二个手势
zoom_action = MultiAction(driver)
```

```
action1.press(x=x * 0.4, y=y * 0.4).wait(1000).move_to(x=x * 0.2, y=y * 0.2).release()
action2.press(x=x * 0.6, y=y * 0.6).wait(1000).move_to(x=x * 0.8, y=y * 0.8).release()
zoom_action.add(action1, action2)   # 加载
zoom_action.perform()   # 执行
```

第二段示例代码（test8_5.py）用于实现缩小效果（两个手指往中间捏合）。

```
# 获取窗口的宽和长
x = driver.get_window_size()['width']
y = driver.get_window_size()['height']
# 缩小效果
action1 = TouchAction(driver)   # 第一个手势
action2 = TouchAction(driver)   # 第二个手势
pinch_action = MultiAction(driver)

action1.press(x=x * 0.2, y=y * 0.2).wait(1000).move_to(x=x * 0.4, y=y * 0.4).release()
action2.press(x=x * 0.8, y=y * 0.8).wait(1000).move_to(x=x * 0.6, y=y * 0.6).release()
pinch_action.add(action1, action2)   # 加载
pinch_action.perform()   # 执行
```

上述放大和缩小的操作都是使用屏幕相对定位方式实现的。如果上述代码执行失败，请关注目标元素在手动操作时的起始位置和终止位置，根据实际情况进行调整。

8.2 Appium Server 2.x 中的触控操作

在 Appium Server 2.0 之后，TouchAction 类和 MultiAction 类被舍弃，当我们查看 TouchAction 类或 MultiAction 类时，会看到如下提示信息。

```
class TouchAction:
    """
    deprecated:: 2.0.0
        Please use W3C actions instead:
    """
```

以上提示信息的大致意思是，TouchAction 已经被弃用，请使用 W3C actions 替代。不过对于 iOS 来说，W3C actions 目前不可用。而 iOS 端的 TouchAction 类暂时仍然可用（使用 Appium Server 2.0）。

将来 Appium 可能会基于最新版本的 Selenium 封装自己的操控方法。

8.3 软键盘操作

iOS Appium 提供了以下两个 API 方法。

- driver.is_keyboard_shown()：用于判断软键盘是否存在。
- driver.hide_keyboard()：用于隐藏软键盘。

用于演示两个 API 方法的示例代码（test8_6.py）如下。

```
from appium import webdriver
from appium.webdriver.common.appiumby import AppiumBy
from time import sleep

# 隐藏软键盘，判断键盘是否存在
caps = {
    "appium:platformName": "iOS",
    "appium:platformVersion": "16.4",
    "appium:deviceName": "iPhone 14",
    "appium:app": "/Users/juandu/Library/Developer/Xcode/DerivedData/UIKitCatalog-gdzebhtrarkehxetojfioimyqtls/Build/Products/Debug-iphonesimulator/UIKitCatalog.app",
    # "appium:noReset": True
}
driver = webdriver.Remote("http://127.0.0.1:4723/wd/hub", caps)
driver.implicitly_wait(5)
driver.find_element(AppiumBy.ACCESSIBILITY_ID, 'Text Fields').click()
driver.find_element(AppiumBy.IOS_CLASS_CHAIN, '**/XCUIElementTypeTextField[`value == "Placeholder text"`][1]').click()
sleep(2)
driver.hide_keyboard()
sleep(2)
print(driver.is_keyboard_shown())
driver.quit()
```

某些情况下，若软键盘影响元素定位与操作，就可以先将软键盘隐藏，然后进行元素的定位与操作。

8.4 屏幕滑动操作

iOS Appium 可以通过 execute 调用代码的方式实现屏幕滑动操作。

mobile:swipe()方法用于执行简单的滑动操作,在相册分页、切换视图等场景中使用,不接收坐标,也不支持复杂的手势。在调用过程中,该方法的执行速度快、滑动距离短。

该方法的参数如下。

- direction:控制滑动的方向,必选参数,值为 up、down、left、right。
- element:控制要滑动的元素,可选参数,若不填,则滑动屏幕。
- duration:控制执行滑动操作的时长,单位为秒。

mobile: swipe()方法的调用示例如下。

```
# 向上滑动屏幕
driver.execute_script('mobile:swipe', {'direction': 'up'})
# 向下滑动屏幕
driver.execute_script('mobile:swipe', {'direction': 'down'})
# 向左滑动屏幕
driver.execute_script('mobile:swipe', {'direction': 'left'})
# 向右滑动屏幕
driver.execute_script('mobile:swipe', {'direction': 'right'})
```

mobile:scroll()用于滑动元素或整个屏幕,它支持4种不同的滑动策略——使用name、使用direction、使用predicateString、使用toVisible。注意,每次滑动只能选择一种滑动策略。

mobile:scroll()方法可用于对某个控件进行精确的滑动操作。需要注意的是,在实际调用该方法时,会使元素或屏幕滑动两次,执行时间较长。

mobile:scroll()方法的参数如下。

- element:需要滑动的控件 ID,默认将使用 App 的控件 ID。
- name:需要滑动的子控件的 ACCESSIBILITY_ID。
- direction:值为 up、down、left、right。该参数与 mobile:swipe()中的 direction 参数不同的是,它会尝试将当前界面完全移动到下一屏。
- predicateString:需要滑动的子控件的 NSPredicate 定位器。
- toVisible:布尔类型参数。如果设置为 True,则表示要求滑动到父控件中第一个可见的子控件,若 element 未设置,则不生效。

mobile:scroll()方法的调用示例如下。

```
# 向下滑动整个屏幕
driver.execute_script('mobile: scroll', {'direction': 'down'})
# 向上滑动整个屏幕
driver.execute_script('mobile: scroll', {'direction': 'up'})
# 向左滑动整个屏幕
driver.execute_script('mobile: scroll', {'direction': 'left'})
# 向右滑动整个屏幕
driver.execute_script('mobile: scroll', {'direction': 'right'})
```

在调用过程中，mobile:dragFromToForDuration()方法的执行速度快，滑动距离可根据屏幕进行控制，但是如果滑动的起点在控件上，会触发单击操作。

```
# duration 表示开始滑动之前的单击手势需要保持多长时间才能开始滑动
# element 表示控件 ID，可以指定为 None，当其值为 None 时，以整个手机屏幕为边界
# fromX 表示起点的 X 坐标
# fromY 表示起点的 Y 坐标
# toX 表示终点的 X 坐标
# toY 表示终点的 Y 坐标
# 以上都是必选参数
driver.execute_script("mobile:dragFromToForDuration",{"duration":0.5,"element":None,
"fromX":0,"fromY":650,"toX":0,"toY":100}
```

接下来，演示屏幕滑动的操作，示例代码（test8_7.py）如下。

```
from appium import webdriver
from appium.webdriver.common.appiumby import AppiumBy
from time import sleep

# 向下滑动屏幕
caps = {
    "appium:platformName": "iOS",
    "appium:platformVersion": "16.4",
    "appium:deviceName": "iPhone 14",
    "appium:app": "/Users/juandu/Library/Developer/Xcode/DerivedData/UIKitCatalog-gdzebhtrarkehxetojfioimyqtls/Build/Products/Debug-iphonesimulator/UIKitCatalog.app",
    # "appium:noReset": True
}
driver = webdriver.Remote("http://127.0.0.1:4723/wd/hub", caps)
driver.implicitly_wait(5)
driver.execute_script('mobile: scroll', {'direction': 'down'})
sleep(2)
driver.quit()
```

8.5 屏幕截图操作

本节介绍屏幕截图操作。后续在自动化测试框架中，我们可以设计在测试用例断言失败的时候自动截图的功能，通过保存的截图，查看缺陷。

iOS Appium 共提供如下 4 种截图方法。

- save_screenshot(filename)。
- get_screenshot_as_file(filename)。

- get_screenshot_as_png()。
- get_screenshot_as_base64()。

接下来，我们通过示例代码逐一演示其用法。

以下示例代码（test8_8.py）中，使用 save_screenshot(filename)，可以不传入路径，但是必须传入一个文件名，且文件扩展名必须是".png"。如果不传入路径，则直接保存屏幕截图到当前测试脚本所在位置。

```python
from appium import webdriver
from appium.webdriver.common.appiumby import AppiumBy
from time import sleep

caps = {
    "appium:platformName": "iOS",
    "appium:platformVersion": "16.4",
    "appium:deviceName": "iPhone 14",
    "appium:app": "/Users/juandu/Library/Developer/Xcode/DerivedData/UIKitCatalog-gdzebhtrarkehxetojfioimyqtls/Build/Products/Debug-iphonesimulator/UIKitCatalog.app",
    # "appium:noReset": True
}
driver = webdriver.Remote("http://127.0.0.1:4723/wd/hub", caps)
driver.implicitly_wait(5)
# 在当前路径下生成名为 a.png 的屏幕截图
driver.save_screenshot('a.png')
sleep(1)
driver.quit()
```

以下示例代码（test8_9.py）中，向 save_screenshot(filename) 传入文件路径，将屏幕截图保存到指定路径下。

```python
from appium import webdriver
from appium.webdriver.common.appiumby import AppiumBy
from time import sleep

caps = {
    "appium:platformName": "iOS",
    "appium:platformVersion": "16.4",
    "appium:deviceName": "iPhone 14",
    "appium:app": "/Users/juandu/Library/Developer/Xcode/DerivedData/UIKitCatalog-gdzebhtrarkehxetojfioimyqtls/Build/Products/Debug-iphonesimulator/UIKitCatalog.app",
    # "appium:noReset": True
}
driver = webdriver.Remote("http://127.0.0.1:4723/wd/hub", caps)
driver.implicitly_wait(5)
# ./ 代表当前目录
```

```
driver.save_screenshot('./b.png')
sleep(1)
driver.quit()
```

以下示例代码(test8_10.py)中,使用 get_screenshot_as_file(filename) 将屏幕截图另存为文件。

```
from appium import webdriver
from appium.webdriver.common.appiumby import AppiumBy
from time import sleep

caps = {
    "appium:platformName": "iOS",
    "appium:platformVersion": "16.4",
    "appium:deviceName": "iPhone 14",
    "appium:app": "/Users/juandu/Library/Developer/Xcode/DerivedData/UIKitCatalog-gdzebhtrarkehxetojfioimyqtls/Build/Products/Debug-iphonesimulator/UIKitCatalog.app",
    # "appium:noReset": True
}
driver = webdriver.Remote("http://127.0.0.1:4723/wd/hub", caps)
driver.implicitly_wait(5)
driver.get_screenshot_as_file('c.png')
sleep(1)
driver.quit()
```

关于其他两种截图方法的示例代码如下。

```
# 以二进制数据的形式获取当前窗口的屏幕截图
driver.get_screenshot_as_png()
# 以base64编码字符串的形式获取当前窗口的屏幕截图
driver.get_screenshot_as_base64()
```

这4种方法的差异如下。

- 在 save_screenshot(filename) 中,需要传入 filename 参数,且文件名扩展名必须是".png",该方法用来将当前屏幕截图保存到指定文件中。
- get_screenshot_as_file(filename) 和 save_screenshot(filename) 方法的用法一样,需要传入 filename 参数,且文件名扩展名必须是".png",该方法用来将当前屏幕截图另存为指定文件。
- 在 get_screenshot_as_png() 中,不需要传入参数,将当前窗口的屏幕截图保存到二进制的数据文件中,适合在 Allure(一种用于生成测试报告的工具)中传递和展示。
- get_screenshot_as_base64() 以 base64 编码字符串的形式获取当前窗口的屏幕截图,这在 HTML 中嵌入图像时非常有用。

8.6 Toast 定位

Toast 是 Android 系统提供的轻量级信息提醒机制，用于向用户显示即时消息，它显示在 App 界面的最上层，显示一段时间后自动消失并且不会打断当前操作，也不获得焦点。注意，和 Dialog 不一样，Toast 永远不会获得焦点，无法被单击。Toast 类的思想就是尽可能不引人注意，同时还向用户显示信息，希望用户能够看到。Toast 显示的时间有限，一般 3 s 左右就消失了。因此，使用传统的元素定位工具，是无法定位 Toast 元素的。

iOS 并未提供标准的 Toast 控件，但是在 iOS App 中还能看到效果类似于 Toast 效果的控件。不过由于这类控件实现的方式、在屏幕上停留的时间长短不同，因此 iOS Appium 在定位此类控件时的效果也不尽相同。

这里展示定位类 Toast 控件的几种方法。

关于方法一的示例代码如下。

```
# 借助 IOS_CLASS_CHAIN 来定位类 Toast 控件
cur_toast = driver.find_element(AppiumBy.IOS_CLASS_CHAIN, '**/XCUIElementTypeStaticText[`name="toast 文本信息 "`]')
```

关于方法二的示例代码如下。

```
# 借助 IOS_PREDICATE 来定位类 Toast 控件
cur_toast= driver.find_element(AppiumBy.IOS_PREDICATE, "type=='XCUIElementTypeStaticText' AND name CONTAINS 'toast 文本信息 '")
```

关于方法三的示例代码如下。

```
(AppiumBy.IOS_PREDICATE, "name == 'toast 文本信息 '")
```

注意，类 Toast 控件的定位成功率不高。

8.7 处理 NSAlert

NSAlert 是 iOS 默认的 Alert 弹出视图，只能显示包含标题、提示、1～3 个按钮之类的简单视图。如果想实现 Alert 弹出视图的任意布局，则需要自定义。

我们可以借助 execute_script( ) 方法对 NSAlert 实例执行操作。

该方法支持以下参数。

- action：支持操作 accept、dismiss、getButtons，必选参数。
- buttonLabel：单击已有警报按钮的标签文本。这是一个可选参数，只有在与 accept 和 dismiss 操作相结合时才有效。

处理 NSAlert 的示例代码如下。

```
# Python 实现
driver.execute_script('mobile: alert', {'action': 'accept', 'buttonLabel': 'My
Cool Alert Button'});
```

第9章 Appium等待机制

能构建健壮、可靠的测试脚本,是 iOS 自动化测试成功的关键因素之一。你可能经常遇到类似的问题:单个测试脚本的调试没有问题,但是当多个测试脚本组合运行时,往往会发生一些使人意想不到和难以理解的问题,当经过调试、定位后,通常的结论是,这是一个由"等待"引发的问题。

App 加载时间过长的原因有很多,但不管如何,一旦 Appium 以为页面元素加载完成而对其进行操作时,就会出现页面元素找不到的情况。如何避免此类问题的频繁发生呢?这就要求测试人员在编写测试脚本时,思考是否可能受到外部可变因素的影响。事实上,"等待"引起的元素定位或操作超时是自动化测试中常见的问题。

9.1 影响元素加载的外部因素

我们先分析一下都有哪些外部因素会影响元素加载，以便你在遇到这些外部因素引起错误的情况时，可以谨慎应对。

- 移动终端的性能。在不同类型的移动终端，由于硬件配置不同、生产厂商不同、操作系统版本不同等，因此运行同一款 App 的速度就会不同。如果你在一台性能优秀的手机上编写、调试测试脚本，却在一台性能较差的手机上执行测试脚本，当测试机需要花更长的时间来渲染被测页面时，往往就会出现一种奇怪的现象——本地调试都正常，但在运行整个测试用例集的时候，总有一些测试用例会报错。
- 服务器的性能。这里的服务器是指为 App 提供后台服务的应用服务器或数据库服务器。一般来说，服务器的性能不会太差。假如测试环境中在部署了 App 服务器端的同时，还部署了缺陷管理工具、代码管理工具、局域网邮件系统等，你可要注意了。因为一旦某个时刻服务器中存在大量并发用户请求，在处理自动化测试发起的请求时，它就需要花费更多的时间才能响应，此时就可能出现自动化测试错误。
- 网络因素。被测 App 中的 Web 页面包含大量图片，或者页面请求中存在无效代码等情况，都会导致大量的数据请求产生，因此网络稳定至关重要。假如数据请求或渲染需要过多的时间，自动化测试脚本就可能出错。

总之，在自动化测试过程中，导致元素加载失败或渲染缓慢的原因有多种。如果不能正确应对这些原因导致的问题，测试脚本的稳定性将大打折扣。

9.2 强制等待

在我们想要操作元素时，假如元素未出现，或者需要等待一段时间才能加载，这种情况该如何处理呢？想想我们在做手动测试的时候是如何做的。在做某个动作之前，先等待页面准备好，然后进行操作。什么是"准备好"？一般来说，"准备好"是指页面加载完成。当然，也有特殊情况，例如，某些 Web 页面资源是"分块加载"的，当要单击或操作的元素加载完成时，我们可能就可以进行操作了（这时候并没有等待整个页面资源加载完成）。解决问题的大致思路厘清了，即自动化测试脚本在尝试操作页面或目标元素以前，应该判断页面或目标元素是否"准备好"了。

看一看许多测试人员常用的"强制等待"。"强制等待"就是"不管怎样，都要等待固定的时间"。很多文章或图书喜欢将 Python 中 time 模块提供的 sleep() 方法称为"强制等待"，但是 sleep() 是 Python 提供的方法，并非 Appium WebDriver 提供的方法。在前面的代码示例中，也经常使用 sleep() 方法。不过在这里必须解释一下当时的应用场景：用代码实现单击按钮后，使用 sleep(2) 语句，让页面停留 2 s，是为了让你看清楚模拟器上所发生的一切。借用 sleep() 方法让测试脚本暂停运行的目的是"调试"测试脚本，以及让你看清终端上的变化，但并没有通过 sleep() 方法来等待某个元素加载完成。

为什么不能使用 sleep() 来等待元素加载完成呢？移动终端的性能、服务器的性能、网络因素可能会导致你需要等待的时间不一样。例如，对于某个终端元素，一般情况下，你只需要等待 1 s（sleep(1)），下一步要操作的元素就会出现，可一旦出现意外，目标页面元素在 1 s 内没有加载出来时，测试脚本就会发生错误。部分测试人员在面对这种问题时的第一反应是延长等待时间，可是到底要等待多少秒呢？在执行单条测试用例的时候，多等待 5 s、10 s，甚至 20 s，可能都无所谓。但是，随着测试脚本的持续集成，测试用例的数量越来越多，执行一轮自动化测试脚本的时间可能会长到项目组难以忍受。"自动化测试脚本执行的速度还不如人工测试脚本的速度快？费力开发自动化测试脚本的意义是什么？我觉得自动化测试的意义不太大了。"当出现这种声音的时候，自动化测试人员总是尴尬的。讨论这些的目的，就是想让你记住，sleep() 方法可以帮我们调试代码，观察测试脚本执行情况，但是除此之外，你不应该使用它或应该尽量少用它。

9.3 隐式等待

隐式等待表示 WebDriver 会在约定好的时间内，持续检测元素是否找到，一旦检测到目标元素，就执行后续的动作；如果超过了约定时间还未检测到元素，则报错。

Appium 继承了 Selenium 的 implicitly_wait() 方法，该方法用来设置隐式等待。让我们来看看隐式等待的用法。

假如我们尝试运行如下示例代码（test9_1.py）。

```
from appium import webdriver
from appium.webdriver.common.appiumby import AppiumBy
```

```python
from selenium.webdriver.common.action_chains import ActionChains
from time import sleep

# 若找不到元素,立即报错
caps = {
    "appium:platformName": "iOS",
    "appium:platformVersion": "16.2",
    "appium:deviceName": "iPhone 14",
    "appium:app": "/Users/juandu/Library/Developer/Xcode/DerivedData/UIKitCatalog-
    gdzebhtrarkehxetojfioimyqtls/Build/Products/Debug-iphonesimulator/UIKitCatalog.
    app",
    # "appium:noReset": True
}
driver = webdriver.Remote("http://127.0.0.1:4723/wd/hub", caps)
sleep(1)
# 故意输入一个错误的元素 ACCESSIBILITY_ID 值
ele1 = driver.find_element(AppiumBy.ACCESSIBILITY_ID, 'Alert Views False')
# 单击
ele1.click()
# 休眠 1 s
sleep(1)
driver.quit()
```

当 UIKitCatalog 被打开后,几乎立即就报错了,原因是"ele1 = driver.find_element(AppiumBy.ACCESSIBILITY_ID, 'Alert Views False')"这条语句中的元素没有找到(故意输入一个错误的元素 ACCESSIBILITY_ID 值,模拟找不到元素的效果)。

下面的代码(test9_2.py)在 test9_1.py 的基础上,增加了"driver.implicitly_wait(10)"。

```python
from appium import webdriver
from appium.webdriver.common.appiumby import AppiumBy
from selenium.webdriver.common.action_chains import ActionChains
from time import sleep

# 若找不到元素,立即报错
caps = {
    "appium:platformName": "iOS",
    "appium:platformVersion": "16.2",
    "appium:deviceName": "iPhone 14",
    "appium:app": "/Users/juandu/Library/Developer/Xcode/DerivedData/UIKitCatalog-
    gdzebhtrarkehxetojfioimyqtls/Build/Products/Debug-iphonesimulator/UIKitCatalog.
    app",
    # "appium:noReset": True
}
driver = webdriver.Remote("http://127.0.0.1:4723/wd/hub", caps)
driver.implicitly_wait(10)
sleep(1)
# 故意输入一个错误的元素 ACCESSIBILITY_ID 值
ele1 = driver.find_element(AppiumBy.ACCESSIBILITY_ID, 'Alert Views False')
# 单击
ele1.click()
# 休眠 1 s
sleep(1)
```

```
driver.quit()
```

运行代码，当打开 UIKitCatalog 后，由于找不到 'Alert Views False' 的元素，因此等待 10 s 后才会报错。但是如果在第 5 s 或第 7 s 的时候找到元素，代码就会继续执行。这个功能非常实用，你只需要在会话初始化的时候加上 "driver.implicitly_wait(10)"，WebDriver 就会在指定的时间内持续检测和搜寻元素，以便查找那些不是立即加载成功的元素，这对解决网络延迟或服务器响应时间长所导致的元素偶尔找不到的问题非常有效。注意，这行代码和 sleep() 是有本质区别的：sleep() 等待一段固定时间，在这段时间内，不管元素能不能提前找到，都必须将等待时间消耗完，才会执行后面的动作；而 "driver.implicitly_wait(10)" 要智能得多，它会持续检测元素是否找到，一旦检测到元素找到了，就执行后续的动作，节省了很多时间。

注意，"driver.implicitly_wait(10)" "sleep(10)" 还有一个不同点：一旦设置了隐式等待，它就会作用于实例化会话的整个生命周期，而 "sleep(10)" 只对当前行有效。

隐式等待的弊端如下。

- **减缓测试速度**。假如测试用例的某个步骤需要在元素不存在的时候，才执行后续的动作，而我们又恰好使用了隐式等待，那么 Appium 会因为要确定元素是不是真的不存在而等待 10 s，然后才通报无法找到该元素。因此，检查某些元素不存在的次数越多，测试速度就越缓慢，可能不知不觉中就会产生一个运行时间特别长的测试，直到手动测试的速度都比它的快。对于这种问题，目前恰当的解决办法有两个：对某个需要检查元素不存在的测试用例不使用隐式等待的方法（遗憾的是，总会有人忘记这件事，当你无法忍受缓慢的代码运行速度时，再想解决问题，就只能通读代码来寻找原因了）；将检查"不存在"换成检查"存在"［例如，删除某内容后，我们检查是否出现了"×××删除成功"的字样（移动端的删除场景下一般无提示信息），但是这可能放过一种错误，即提示删除成功，但是数据仍然存在］。
- **干扰显式等待**。隐式等待是作用于实例化会话的整个生命周期的，这意味着即便后续你创建了显式等待，可能也达不到预期的效果。

虽然网络上有介绍显式等待和隐式等待混合使用的场景及其作用域的文章，但是 Selenium 官方文档明确说明：混合使用显式等待和隐式等待会导致意想不到的后果，有可能会出现即使元素可用或条件为 True，也要等待最长的时间的情况。

简单总结一下，隐式等待"简洁、高效"，但偶尔会让你"措手不及"，不建议使用隐式等待，尤其是不要把隐式等待和显式等待混合使用。

9.4 显式等待

对于由"等待"引发的问题,推荐的解决方案是使用显式等待。显式等待比隐式等待具备更好的可操控性。与隐式等待不同,我们可以为测试脚本设置一些定制化条件,等待条件满足之后进行下一步的操作。

Appium 的 WebDriver 并没有引入 Selenium 的 WebDriverWait 类,因此要使用显式等待,我们必须从 Selenium 中导入显式等待方法,导入方法如下。

```
from selenium.webdriver.support import expected_conditions as EC
from selenium.webdriver.support.ui import WebDriverWait
```

显式等待的实现基于 WebDriverWait 类和 expected_conditions 类。WebDriverWait 类用来定义超时时间、轮询频率等;expected_conditions 类则用来提供一些预制条件作为测试脚本进行后续操作的判断依据。

9.4.1 WebDriverWait 类

先通过 PyCharm 查看 WebDriverWait 类,如图 9-1 所示。

```
class WebDriverWait(object):
    def __init__(self, driver, timeout, poll_frequency=POLL_FREQUENCY, ignored_exceptions=None):
        """Constructor, takes a WebDriver instance and timeout in seconds.

        :Args:
         - driver - Instance of WebDriver (Ie, Firefox, Chrome or Remote)
         - timeout - Number of seconds before timing out
         - poll_frequency - sleep interval between calls
           By default, it is 0.5 second.
         - ignored_exceptions - iterable structure of exception classes ignored during calls.
           By default, it contains NoSuchElementException only.

        Example:
         from selenium.webdriver.support.ui import WebDriverWait \n
         element = WebDriverWait(driver, 10).until(lambda x: x.find_element_by_id("someId")) \n
         is_disappeared = WebDriverWait(driver, 30, 1, (ElementNotVisibleException)).| \n
                    until_not(lambda x: x.find_element_by_id("someId").is_displayed())
        """
```

图 9-1　WebDriverWait 类

WebDriverWait 类的参数如下。

- driver:必选参数,WebDriverWait 中必须传入一个实例化 driver。
- timeout:必选参数,WebDriverWait 中必须传入一个超时时间,用于确定最多轮询多少秒。
- poll_frequency:可选参数,轮询频率,即每隔多长时间检查一下 ignored_exceptions 参数中的条件是否满足。默认间隔为 0.5 s。
- ignored_exceptions:可选参数,表示可忽略的异常。如果在调用 until() 或 until_not() 的过程中抛出该参数中的异常,则不中断代码,继续等待;如果抛出的是这个参数外的异常,则中断代码。该参数默认为"None"。

9.4.2 WebDriverWait 类提供的方法

通过 PyCharm 的自动提示功能,查看 WebDriverWait 类提供的方法,如图 9-2 所示。

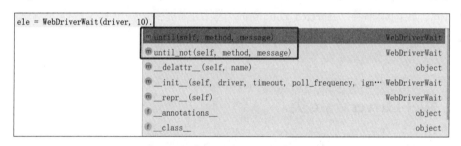

图 9-2 WebDriverWait 类提供的方法

从图 9-2 可知,WebDriverWait 类提供了两个方法:一个是 until() 方法,另一个是 until_not() 方法。两个方法的源码分别如图 9-3、图 9-4 所示。

```
def until(self, method, message=''):
    """Calls the method provided with the driver as an argument until the \
    return value is not False."""
    screen = None
    stacktrace = None

    end_time = time.time() + self._timeout
    while True:
        try:
            value = method(self._driver)
            if value:
                return value
        except self._ignored_exceptions as exc:
            screen = getattr(exc, 'screen', None)
            stacktrace = getattr(exc, 'stacktrace', None)
        time.sleep(self._poll)
        if time.time() > end_time:
            break
    raise TimeoutException(message, screen, stacktrace)
```

图 9-3 until() 方法的源码

until( )方法的作用和它名称的字面意思一样，在 WebDriverWait 类规定（使用 timeout 参数确定）的时间内，每隔一定的时间（使用 poll_frequency 确定）调用 method( )方法，直到 until( )的返回值不为 False。如果超时，就抛出 TimeoutException 异常，异常信息为 message。

```
def until_not(self, method, message=''):
    """Calls the method provided with the driver as an argument until the \
    return value is False."""
    end_time = time.time() + self._timeout
    while True:
        try:
            value = method(self._driver)
            if not value:
                return value
        except self._ignored_exceptions:
            return True
        time.sleep(self._poll)
        if time.time() > end_time:
            break
    raise TimeoutException(message)
```

图 9-4　until_not( )方法的源码

until_not( )拥有与 until( )相反的逻辑。它的作用是在 WebDriverWait 规定的时间内，每隔一定的时间调用 method( )方法，直到 until_not( )返回 False。如果超时，就抛出 TimeoutException 异常，异常信息为 message。

我们再整体看一下显式等待的语法格式。

```
WebDriverWait(driver, timeout, poll_frequency, ignored_exceptions).until(method, message)
```

这里需要特别注意的是 until( )或 until_not( )中的 method 参数，很多人传入了 WebElement 对象，如下所示。

```
WebDriverWait(driver, 10).until(driver.find_element_by_id('kw'), message)
```

这是错误的用法，这里的参数要是可以调用的，即这个对象要有 __call__( )方法，否则会抛出以下异常。

```
TypeError: 'xxx' object is not callable
```

9.4.3　expected_conditions 类提供的条件

在这里，你可以用 Selenium 提供的 expected_conditions 类中的各种条件，也可以用 WebElement 的 is_displayed( )、is_enabled( )、is_selected( )方法，还可以用自己封装的方法。接下来，我们看一下 Selenium 提供的预期条件有哪些。

expected_conditions 是 Selenium 的一个类，你可以使用下面的语句导入该类（as EC 的意思是为该类取一个别名，方便后续引用）。

```
from selenium.webdriver.support import expected_conditions as EC
```

expected_conditions 类包含一系列可用于判断的条件。它内置的判断条件如表 9-1 所示。

表 9-1　expected_conditions 内置的判断条件

内置的判断条件	描述
title_is(title)	判断页面的 title 和预期的 title 是否完全一致。若完全一致，返回 True；否则，返回 False
title_contains(title)	判断页面的 title 是否包含预期的 title。如果包含，则返回 True；否则，返回 False。注意，字母包含匹配的内容的时候，区分大小写
presence_of_element_located(locator)	检查某个元素是否存在于页面 DOM（Document Object Model，文档对象模型）中，注意，元素并不一定可见。定位器用来查找元素，找到后，返回该元素。返回的对象是 WebElement
presence_of_all_elements_located(locator1，locator2)	检查所有元素是否存在。如果存在，返回所有匹配的元素，返回结果是一个列表；否则，报错
url_contains(url)	检查当前 driver 的 URL 是否包含字符串。如果包含，返回 True；否则，返回 False
url_matches(url)	检查当前 driver 的 URL 是否包含字符串。如果包含，返回 True；否则，返回 False；和 url_contains(url) 方法的作用相同
url_to_be(url)	检查当前 driver 的 URL 与预期值是否完全匹配（一般是正则表达式的匹配）。如果完全匹配，返回 True；否则，返回 False
url_changes(url)	检查当前 driver 的 URL 和预期值是否存在不同。如果存在，返回 True；否则，返回 False
visibility_of_element_located(locator)	参数是定位器，判断元素是否在页面 DOM 中，并且可见。如果可见，则返回 True；否则，返回 False
visibility_of(WebElement)	参数是 WebElement，判断元素是否在页面 DOM 中，并且可见。如果满足条件，则返回 True；否则，返回 False
visibility_of_any_elements_located(locator)	参数是定位器，根据定位器至少应该能定位到一个可见元素，返回值是列表。如果定位不到则，报错
visibility_of_all_elements_located(locator)	参数是定位器，判断根据定位器找到的所有符合条件的元素是不是都是可见元素。如果是，返回值是列表；如果定位不到或者不全是，则报错
invisibility_of_element_located(locator)	判断这个定位器的元素是否不存在或者不可见。若满足条件，返回 True；否则，返回 False
invisibility_of_element(locator or element)	判断这个定位器或者元素是否不存在或者不可见。若满足条件，返回 True；否则，返回 False

续表

内置的判断条件	描述
frame_to_be_available_and_switch_to_it(frame_locator)	判断 frame_locator 是否存在。如果存在，程序自动切换到这个 frame 中，并返回 True；如果不存在，返回 False
text_to_be_present_in_element(locator, text)	判断 text 是否出现在元素中。具有两个参数。如果 text 出现了，则返回 True；否则，返回 False
text_to_be_present_in_element_value(locator, text)	判断 text 是否出现在元素的属性 value 中。具有两个参数。如果 text 出现了，则返回 True；否则，返回 False
element_to_be_clickable(locator)	判断这个元素是否可见并且可单击。若满足条件，返回 True；否则，返回 False
staleness_of(element)	判断这个元素是否仍然在 DOM 中。如果在，返回 False；否则，返回 True。也就是说，如果页面刷新了，元素不存在了，就返回 True
element_to_be_selected(element)	判断元素是否被选中，传入的参数是元素，如果元素被选中，则返回值是这个元素
element_located_to_be_selected(locator)	判断元素是否被选中，传入的参数是定位器，如果元素被选中，则返回值是这个元素
element_selection_state_to_be(element, is_selected)	传入两个参数，第一个表示元素，第二个表示状态
element_located_selection_state_to_be(locator, is_selected)	传入两个参数，第一个表示定位器，第二个表示状态
number_of_windows_to_be(num_windows)	判断窗口的数量是不是预期的值，返回值是布尔值
new_window_is_opened(current_handles)	传入当前窗口的句柄，判断是否有新窗口打开，返回布尔值
alert_is_present(driver)	判断是否有 alert。如果有，切换到 alert；否则，返回 False

关于表 9-1 中常用的判断条件，我们通过具体的示例来演示其用法。

示例一：判断页面元素是否存在（使用 presence_of_all_elements_located(locator)，test9_3.py）。当页面元素可定位时，立即执行操作。

```
from selenium.webdriver.support import expected_conditions as EC
from selenium.webdriver.support.ui import WebDriverWait
from appium import webdriver
from appium.webdriver.common.appiumby import AppiumBy
from time import sleep

# 显式等待，判断元素是否可定位
caps = {
    "appium:platformName": "iOS",
    "appium:platformVersion": "16.2",
    "appium:deviceName": "iPhone 14",
```

```python
    "appium:app": "/Users/juandu/Library/Developer/Xcode/DerivedData/UIKitCatalog-
    gdzebhtrarkehxetojfioimyqtls/Build/Products/Debug-iphonesimulator/UIKitCatalog.
    app",
    # "appium:noReset": True
}
driver = webdriver.Remote("http://127.0.0.1:4723/wd/hub", caps)

try:
    # 检查Alert Views元素是否找到
    ele = WebDriverWait(driver, 10).until(EC.presence_of_element_located
    ((AppiumBy.ACCESSIBILITY_ID, 'Alert Views')))
    ele.click()
except Exception as e:
    raise e
finally:
    sleep(2)
    driver.quit()
```

定位到Alert Views元素后,立即单击。

示例二:判断元素是否可见(test9_4.py)。当页面元素可见时,立即执行操作。

```python
from selenium.webdriver.support import expected_conditions as EC
from selenium.webdriver.support.ui import WebDriverWait
from appium import webdriver
from appium.webdriver.common.appiumby import AppiumBy
from time import sleep

# 显式等待,判断元素是否可见
caps = {
    "appium:platformName": "iOS",
    "appium:platformVersion": "16.2",
    "appium:deviceName": "iPhone 14",
    "appium:app": "/Users/juandu/Library/Developer/Xcode/DerivedData/UIKitCatalog-
    gdzebhtrarkehxetojfioimyqtls/Build/Products/Debug-iphonesimulator/UIKitCatalog.
    app",
    # "appium:noReset": True
}
driver = webdriver.Remote("http://127.0.0.1:4723/wd/hub", caps)

try:
    # 检查Alert Views元素是否可见
    ele = WebDriverWait(driver, 10).until(EC.visibility_of_element_located
    ((AppiumBy.ACCESSIBILITY_ID, 'Alert Views')))
    ele.click()
except Exception as e:
    raise e
finally:
    sleep(2)
    driver.quit()
```

示例三：判断页面元素是否可单击（test9_5.py）。当页面元素可单击时，立即执行操作。

```python
from selenium.webdriver.support import expected_conditions as EC
from selenium.webdriver.support.ui import WebDriverWait
from appium import webdriver
from appium.webdriver.common.appiumby import AppiumBy
from time import sleep

# 显式等待，判断元素是否可单击
caps = {
    "appium:platformName": "iOS",
    "appium:platformVersion": "16.2",
    "appium:deviceName": "iPhone 14",
    "appium:app": "/Users/juandu/Library/Developer/Xcode/DerivedData/UIKitCatalog-gdzebhtrarkehxetojfioimyqtls/Build/Products/Debug-iphonesimulator/UIKitCatalog.app",
    # "appium:noReset": True
}
driver = webdriver.Remote("http://127.0.0.1:4723/wd/hub", caps)

try:
    # 检查Alert Views元素是否可单击
    ele = WebDriverWait(driver, 10).until(EC.element_to_be_clickable((AppiumBy.ACCESSIBILITY_ID, 'Alert Views')))
    ele.click()
except Exception as e:
    raise e
finally:
    sleep(2)
    driver.quit()
```

9.4.4 自定义等待条件

虽然 expected_conditions 类提供了丰富的预期条件，但如果还不能满足你的需求，你还可以借助 lambda 表达式来自定义等待条件。

看如下示例（test9_6.py）。

```python
from selenium.webdriver.support import expected_conditions as EC
from selenium.webdriver.support.ui import WebDriverWait
from appium import webdriver
from appium.webdriver.common.appiumby import AppiumBy
from time import sleep

# 显式等待，lambda 表达式
caps = {
```

```
        "appium:platformName": "iOS",
        "appium:platformVersion": "16.2",
        "appium:deviceName": "iPhone 14",
        "appium:app": "/Users/juandu/Library/Developer/Xcode/DerivedData/UIKitCatalog-
        gdzebhtrarkehxetojfioimyqtls/Build/Products/Debug-iphonesimulator/UIKitCatalog.
        app",
        # "appium:noReset": True
}
driver = webdriver.Remote("http://127.0.0.1:4723/wd/hub", caps)
try:
    ele = WebDriverWait(driver, 10).until(lambda x: x.find_element(AppiumBy.
    ACCESSIBILITY_ID, 'Alert Views'))
    ele.click()
except Exception as e:
    raise e
finally:
    sleep(2)
    driver.quit()
```

上述示例借助 lambda 表达式自定义预期等待条件为，通过 ACCESSIBILITY_ID 查找值为 Alert Views 的元素，如果能找到，则返回元素对象。

我们用整整一章来介绍等待的应用，目的是通过设置元素等待，更加灵活地指定等待元素定位的时间，从而增强测试脚本的健壮性，同时保证测试脚本执行的效率。

虽然显式等待有诸多好处，但其最大的问题在于有一定学习难度，因此本章通过几个具体示例来展示其用法，希望读者能够正确、熟练地掌握相关知识点。

第 10 章
Pytest测试框架

通过对前面章节的学习，我们已经能够编写基础的"线性"自动化测试脚本。如果想更好地组织自动化测试用例，添加断言，输出测试报告，我们最好借助测试框架来完成。本章将讨论 Pytest 测试框架。

10.1 Pytest 简介

Pytest 是一款强大的 Python 测试框架。它可以自动收集测试用例并执行，自动汇总测试结果，它有丰富的基础库，可以大幅度地提高用户编写测试用例的效率。Pytest 主要有以下优点。

- 方便组织测试用例。
- 测试代码的可读性更高。
- 易于上手。
- 断言方便，断言使用 assert 关键字，不再使用 assertEqual( )。
- 可实现失败测试用例再次执行的功能。
- 支持测试用例分类、分级。
- 支持 Allure 报告，能够展示更丰富的数据。
- 可以兼容使用 unittest 编写的测试用例。

Pytest 并没有集成在 Python 默认包中，需要手动安装。

同样，借助 pip3 来安装 Python 第三方包，命令如下。

```
pip3 install -U pytest
```

-U（U 代表 Upgrade，升级）选项用来安装最新版本。

如果使用上述命令安装失败，可以尝试使用国内镜像来安装。例如，如下代码使用清华大学的镜像源进行安装。

```
pip3 install -i https://pypi.tuna.tsinghua.edu.cn/simple pytest
```

如果显示 "Successfully installed……"，则说明 Pytest 安装成功，如图 10-1 所示。

```
juandu@YJdeMacBook-Air ~ % pip3 install -U pytest
Requirement already satisfied: pytest in /opt/homebrew/lib/python3.11/s
ite-packages (7.2.2)
Collecting pytest
  Downloading pytest-7.3.1-py3-none-any.whl (320 kB)
     ──────── 320.5/320.5 241.8 kB/s eta 0:00:00
     kB
Requirement already satisfied: iniconfig in /opt/homebrew/lib/python3.1
1/site-packages (from pytest) (2.0.0)
Requirement already satisfied: packaging in /opt/homebrew/lib/python3.1
1/site-packages (from pytest) (23.0)
Requirement already satisfied: pluggy<2.0,>=0.12 in /opt/homebrew/lib/p
ython3.11/site-packages (from pytest) (1.0.0)
Installing collected packages: pytest
  Attempting uninstall: pytest
    Found existing installation: pytest 7.2.2
    Uninstalling pytest-7.2.2:
      Successfully uninstalled pytest-7.2.2
Successfully installed pytest-7.3.1
```

图 10-1　Pytest 安装成功

接着，使用 pip3 show pytest 来查看安装的 Pytest 版本。

```
% pip3 show pytest
Name: pytest
Version: 7.3.1
Summary: pytest: simple powerful testing with Python
Home-page: https://docs.pytest.org/en/latest/
Author: Holger Krekel, Bruno Oliveira, Ronny Pfannschmidt, Floris Bruynooghe,
Brianna Laugher, Florian Bruhin and others
Author-email:
License: MIT
Location: /opt/homebrew/lib/python3.11/site-packages
Requires: iniconfig, packaging, pluggy
Required-by:
```

另外，可以执行下面的命令来查看 Pytest 版本。

```
% pytest -V
pytest 7.3.1
% pytest --version
pytest 7.3.1
```

同时，你可以通过 PyCharm 的 Settings 来安装 Pytest。

Pytest 使用规则如下。

- 文件名默认以"test_"开头或者以"_test"结尾（在 unittest 中，文件名默认以"test"开头或结尾），这里推荐以"test_"开头。
- 测试类名默认以"Test"开头。
- 测试方法（函数）名默认以"test_"开头。
- 直接使用 Python 语言的断言关键字 assert。

先看一个类风格的 Pytest 框架代码（test10_1.py）。

```python
import pytest

class TestStorm(object):
    def test_a(self):
        print('This is a')
        assert 'a' == 'a'

    def test_b(self):
        print('This is b')
        assert 'b' == 'c'
```

运行结果如下。

```
...
============================ test session starts =============================
collecting ... collected 2 items
```

```
test_10_1.py::TestStorm::test_a PASSED                          [ 50%]This is a
test_10_1.py::TestStorm::test_b FAILED                          [100%]This is b
test_10_1.py:8 (TestStorm.test_b)
'b' != 'c'

Expected :'c'
Actual   :'b'
<Click to see difference>

self = <Chapter10.test_10_1.TestStorm object at 0x1045fcaf0>

    def test_b(self):
        print('This is b')
>       assert 'b' == 'c'
E       AssertionError: assert 'b' == 'c'
E         - c
E         + b

test_10_1.py:11: AssertionError
========================= 1 failed, 1 passed in 0.02 s =========================

Process finished with exit code 1
```

上述运行结果中，PASSED 代表断言成功，FAILED 代表断言失败，断言失败的原因也清晰地标明，即 'b'! == 'c'。

和 unittest 框架不同的是，对于 Pytest 框架，你可以不把测试用例放置到类中，而直接定义函数。看下面这个示例（test10_2.py）。

```
import pytest

def test_a():
    print('This is a')
    assert 'a' == 'a'

def test_b():
    print('This is b')
    assert 'b' == 'c'
```

代码运行结果与 test10_1.py 的相同。

10.2 Pytest 测试固件

当测试规模较大的软件系统时，测试固件就会派上用场。测试固件是在测试函数运行前后执行的外层函数。测试固件中的代码可以定制，以满足各种各样的测试需求，包括定义传入测试中的数据集、配置测试前系统的初始状态、为批量测试提供数据源等。这样表述可能比较难理解，后续我们结合示例讲解。

熟悉 unittest 框架的人都知道，unittest 提供了 setUp、tearDown、setUpClass、tearDownClass 这些测试固件。Pytest 同样有测试固件，如表 10-1 所示。

表 10-1　Pytest 的测试固件

测试固件	说明
setup_module/teardown_module	用于模块的始末，只执行一次，是全局方法
setup_function/teardown_function	只对函数生效，不用在类中
setup_class/teardown_class	在类中应用，类开始、结束时执行
setup_method/teardown_method	在类中的方法开始和结束时执行
setup/teardown	在调用方法的前后执行

下面通过示例验证一下测试固件的效果。

函数中的测试固件如下（见测试文件 test10_3.py）。

- setup_module 和 teardown_module：在整个文件的开始和末尾分别执行一次。
- setup_function 和 teardown_function：在每个函数开始前和开始后分别执行。

对应的测试代码如下。

```python
import pytest

def setup_module():
    print('setup_module')

def teardown_module():
    print('teardown_module')

def setup_function():
    print('setup_function')

def teardown_function():
    print('teardown_function')

def test_a():
    print('This is a')
    assert 'a' == 'a'

def test_b():
    print('This is b')
    assert 'b' == 'b'
```

在 PyCharm 中的运行结果如下。

```
==================== test session starts ====================
```

```
collecting ... collected 2 items

test10_3.py::test_a setup_module
setup_function
PASSED                                              [ 50%]This is a
teardown_function

test10_3.py::test_b setup_function
PASSED                                              [100%]This is b
teardown_function
teardown_module

============ 2 passed in 0.01s =================

Process finished with exit code 0
```

类中的测试固件如下（见测试文件test10_4.py）。

- setup_class 和 teardown_class：在整个类的开始和结束时分别执行一次。
- setup_method 和 teardown_method：在每个方法（类中的函数叫方法）的开始和结束时分别执行。

对应的测试代码如下。

```
import pytest

class Test01(object):
    def setup_class(self):
        print('setup_class')

    def teardown_class(self):
        print('teardown_class')

    def setup_method(self):
        print('setup_method')

    def teardown_method(self):
        print('teardown_method')

    def test_a(self):
        print('aaaa')
        assert 'a' == 'a'

    def test_b(self):
        print('bbbb')
        assert 'b' == 'b'
```

运行结果如下。

```
test10_4.py::Test01::test_a setup_class
setup_method
```

```
PASSED                                              [ 50%]aaaa
teardown_method

test10_4.py::Test01::test_b setup_method
PASSED                                              [100%]bbbb
teardown_method
teardown_class
```

setup 和 teardown 也可以应用在类中，应用效果类似于 setup_method 和 teardown_method 的应用效果。注意，与 unittest 中的 setUp 和 tearDown 不同，Pytest 中的写法都是小写的。看下面的示例（test10_5.py）。

```python
import pytest

class Test01(object):
    def setup_class(self):
        print('setup_class')

    def teardown_class(self):
        print('teardown_class')

    def setup(self):
        print('setup')

    def teardown(self):
        print('teardown')

    def test_a(self):
        print('aaaa')
        assert 'a' == 'a'

    def test_b(self):
        print('bbbb')
        assert 'b' == 'b'
```

运行结果如下。

```
test10_5.py::Test01::test_a setup_class
setup
PASSED                                              [ 50%]aaaa
teardown

test10_5.py::Test01::test_b setup
PASSED                                              [100%]bbbb
teardown
teardown_class
```

注意，在类中不要同时使用 setup_method/teardown_method 和 setup/teardown，否则 setup/

teardown 不生效，示例代码（test10_6.py）如下。

```python
import pytest

class Test01(object):
    def setup_class(self):
        print('setup_class')

    def teardown_class(self):
        print('teardown_class')

    def setup_method(self):
        print('setup_method')

    def teardown_method(self):
        print('teardown_method')

    def setup(self):
        print('setup')

    def teardown(self):
        print('teardown')

    def test_a(self):
        print('aaaa')
        assert 'a' == 'a'

    def test_b(self):
        print('bbbb')
        assert 'b' == 'b'
```

运行结果如下，可以看到 setup/teardown 并未执行。

```
test10_6.py::Test01::test_a setup_class
setup_method
PASSED                                         [ 50%]aaaa
teardown_method

test10_6.py::Test01::test_b setup_method
PASSED                                         [100%]bbbb
teardown_method
teardown_class
```

对以上内容的简单总结如下。
- 假如测试文件中没有定义类，而直接定义了函数，那么使用 setup_module/teardown_module、setup_function/teardown_function。
- 假如测试文件中定义了类，就使用 setup_class/teardown_class、setup_method/teardown_

method 和 setup/teardown。
- 在类中，请不要同时使用 setup_method/teardown_method 和 setup/teardown。
- 在一个项目中，约定好是通过类组织测试用例，还是直接通过定义函数组织。保持编码风格的一致性，至关重要。

10.3 Pytest 组织测试用例和断言的方法

本节介绍 Pytest 组织测试用例和断言的方法。

使用 Pytest 框架组织测试用例需要遵循的约定如下。
- 测试文件名以"test_"开头或"_test"结尾。
- 测试类名以"Test"开头。
- 测试方法（函数）名以"test_"开头。
- 如果通过函数定义测试用例，def 后面的圆括号中没有 self。
- 如果通过类中的方法定义测试用例，def 后面的圆括号中有 self。

测试文件 test10_7.py 既包含通过函数定义的测试用例 test_c，又包含通过类中的方法定义的测试用例 test_a 和 test_b，注意观察 def 后的圆括号中内容的区别。

```
import pytest

def test_c():  # 圆括号中没有 self
    print('cccc')
    assert 'c' == 'c'

class Test01(object):
    def test_a(self):  # 圆括号中有 self
        print('aaaa')
        assert 'a' == 'a'

    def test_b(self):
        print('bbbb')
        assert 'b' == 'b'
```

unittest 提供了专门的断言方法，而 Pytest 直接使用 Python 的 assert 关键字，更加灵活。下面展示一个简单的示例（test10_8.py）。

```
import pytest
'''
```

```
Pytest 的断言更灵活
'''
class Test01(object):
    def setup_class(self):
        print('setup_class')

    def teardown_class(self):
        print('teardown_class')

    def setup_method(self):
        print('setup_method')

    def teardown_method(self):
        print('teardown_method')

    def test_a(self):
        print('aaaa')
        assert 5 > 3

    def test_b(self):
        print('bbbb')
        assert 'Storm' in 'Hello Storm'
```

在测试用例 test_a 中,直接使用了 Python 的比较运算符">";在测试用例 test_b 中,直接使用了 Python 中的成员运算符"in"。当然,还可以使用 Python 语言支持的任意运算符来返回 True 或 False。

10.4 Pytest 框架测试执行

在前面的章节中,我们都是直接在 PyCharm 中执行单个自动化测试文件的。本节介绍通过 Pytest 命令行执行测试的常用方式。

打开 Terminal,通过 cd 命令进入自动化测试用例的存放目录,这里进入 Chapter10 目录。

```
# 请将 cd 命令后面的项目路径替换为你的项目存放地址
% cd /Users/Storm/PycharmProjects/iOSTest_1/Chapter10
```

在目标目录下,直接执行 pytest 即可自动寻找当前目录下所有符合规则的测试用例,如下所示。

```
% pytest
========================= test session starts =========================
platform darwin -- Python 3.11.2, pytest-7.3.1, pluggy-1.0.0
```

```
rootdir: /Users/juandu/PycharmProjects/iOSTest_1/Chapter10
collected 25 items

test10_1.py .F                                              [  8%]
test10_10.py ....                                           [ 24%]
test10_2.py .F                                              [ 32%]
test10_3.py ..                                              [ 40%]
test10_4.py ..                                              [ 48%]
test10_5.py ..                                              [ 56%]
test10_6.py ..                                              [ 64%]
test10_7.py ...                                             [ 76%]
test10_8.py ..                                              [ 84%]
test10_9.py ....                                            [100%]

=============================== FAILURES ===============================
_____ TestStorm.test_b _____

省略部分内容
======================= short test summary info =======================
FAILED test10_1.py::TestStorm::test_b - AssertionError: assert 'b' == 'c'
FAILED test10_2.py::test_b - AssertionError: assert 'b' == 'c'
=============== 2 failed, 23 passed, 4 warnings in 0.04 s
```

"pytest + 文件名"用来执行指定的测试用例文件，如下所示。

```
% pytest test10_7.py
========================= test session starts =========================
platform darwin -- Python 3.11.2, pytest-7.3.1, pluggy-1.0.0
rootdir: /Users/juandu/PycharmProjects/iOSTest_1/Chapter10
collected 3 items

test10_7.py ...                                             [100%]

========================= 3 passed in 0.00 s =========================
```

我们可以通过"pytest+ 文件名 +::+ 类名"来执行指定的测试用例类，如下所示。

```
% pytest test10_7.py::Test01
========================= test session starts =========================
platform darwin -- Python 3.11.2, pytest-7.3.1, pluggy-1.0.0
rootdir: /Users/juandu/PycharmProjects/iOSTest_1/Chapter10
collected 2 items

test10_7.py ..                                              [100%]

========================= 2 passed in 0.00 s =========================
```

Pytest 提供了多种执行测试用例的方式，受限于篇幅，这里无法完整介绍，大家可以根据需要自行研究。在执行测试用例的时候,还可以指定结果输出的选项。常见选项如下。

- -s:在窗口中输出文件中 print 语句的内容。
- -k:运行包含某个字符串的测试用例。例如,pytest -k add ××.py 表示运行 ××.py 中包含 add 的测试用例。
- -x:只要有一条测试用例执行失败就退出测试,在调试阶段非常有用。当测试用例执行失败时,应该先调试测试用例,而不是继续执行测试用例。

10.5 测试用例重试

Pytest 本身不支持测试用例执行失败重试的功能,在安装 pytest-rerunfailures 插件后,就可以通过"--reruns + 重试次数"设置测试用例执行失败后的重试次数。

这里使用 pip3 来安装插件,如下所示。

```
% pip3 install pytest-rerunfailures
Collecting pytest-rerunfailures
    Downloading
# 省略部分内容
...
Installing collected packages: pytest-rerunfailures
Successfully installed pytest-rerunfailures-11.1.2
```

当命令行窗口显示"Successfully…"时,代表插件安装成功。

这里准备一个测试文件 test10_9.py,将 test_c( ) 方法的断言修改为执行失败的情况。

```
import pytest

class Test01(object):
    def test_a(self):
        print('aaaa')
        assert 'a' == 'a'

    def test_b(self):
        print('bbbb')
        assert 'b' == 'b'

class Test02(object):
    def test_c(self):
        print('cccc')
        assert 'c' == 'c3'    # 让其执行失败
```

```python
    def test_d(self):
        print('dddd')
        assert 'd' == 'd'

if __name__ == '__main__':
    pytest.main()
```

在 Terminal 中使用 "pytest test10_9.py --reruns 2" 语句执行测试文件，结果如下。

```
collected 4 items

test10_9.py ..RRF.                                              [100%]

========== FAILURES ==============
_____ Test02.test_c _____

self = <Chapter_10.test10_9.Test02 object at 0x1016c4650>

    def test_c(self):
        print('cccc')
>       assert 'c' == 'c3'   # 让其执行失败
E       AssertionError: assert 'c' == 'c3'
E         - c3
E         + c

test10_9.py:16: AssertionError
------------------------ Captured stdout call ------------------------
cccc
------------------------ Captured stdout call ------------------------
cccc
------------------------ Captured stdout call ------------------------
cccc
========================= short test summary info =========================
FAILED test10_9.py::Test02::test_c - AssertionError: assert 'c' == 'c3'
================== 1 failed, 3 passed, 2 rerun in 0.02 s ==================
```

从上面的执行的结果来看，test_c 第一次断言失败后，重试了两次，但都失败了。整个文件中 1 条测试用例失败，3 条测试用例通过。

另外，我们还可以指定断言失败后的重试间隔时间，例如，当 test10_9.py 文件断言失败的时候，我们要重试两次，重试的时间间隔为 2 s，可以增加 "--reruns-delay" 选项，如下所示。

```
% pytest test10_9.py --reruns 2 --reruns-delay 2
```

为什么要用到"失败重试"功能？无论是在线上环境还是在测试环境中，都存在网络波动或其他某些不可预测的情况，这可能会导致某条测试用例在执行的时候失败，但是在手动确认的时候，发现该功能是正常的。于是，类似"当测试用例执行失败的时候，重新执行两次，如果该测试用例在这两次中能成功执行,则说明测试它没有问题"的想法应运而生。

注意,使用该功能要谨慎。在项目中,你肯定遇到过类似的缺陷:登录后,只要第一次进入某个页面时该页面是空白页面,就会执行失败。如果使用失败重试,就会"完美"错过本来应该发现的缺陷。

总结一下,你可以使用 Pytest 的"失败重试"功能,但建议关注那些经过重试才通过的测试用例。换言之,你可以借助该功能去避开一些讨厌的偶然因素,但是应该时刻提醒自己,对那些总是需要失败重试才能通过的测试用例保持警惕。

10.6 标记机制

Pytest 提供了标记机制,即借助"mark"关键字,对测试函数(类、方法)进行标记。

10.6.1 对测试用例进行分级

我们可以对测试用例进行分级,例如,将某些主要流程的测试用例的级别标记为 L1,将次要流程的测试用例的级别标记为 L2 等。测试用例分级的好处在于,我们可以针对不同需求运行不同的测试用例集,例如,在进行冒烟测试的时候,只需要执行 L1 级别的测试用例。

关于"标记"的用法,简单总结如下。

- 一个测试函数(类、方法)可以有多个标记。
- 一个标记可以应用于多个函数、类或方法。
- 使用 -m 选项运行标记的测试用例,例如,运行级别为 L1 的测试用例的命令为 pytest -m "L1"。
- 支持执行多个标记对应的测试用例的合集(并集),例如,pytest -m "L1 or L2"。
- 支持执行同时包含"L1""L2"的测试用例(交集),例如,pytest -m "L1 and L2"。

准备 test10_10.py 文件,其内容如下。

```
import pytest


class Test01(object):
    @pytest.mark.L1
    @pytest.mark.L2
    def test_a(self):
```

```
            print('aaaa')
            assert 'a' == 'a'
        @pytest.mark.L2
        def test_b(self):
            print('bbbb')
            assert 'b' == 'b'

class Test02(object):
    @pytest.mark.L1
    def test_c(self):
        print('cccc')
        assert 'c' == 'c'

    @pytest.mark.L3
    def test_d(self):
        print('dddd')
        assert 'd' == 'd'
```

其中，给测试用例 test_a 增加了两个标记 L1 和 L2；给测试用例 test_b 只增加了一个 L2 标记；给测试用例 test_c 只增加了一个 L1 标记；给测试用例 test_d 只增加了一个 L3 标记。

接下来，执行 pytest -s "test10_10.py" -m "L1" 命令，只执行 L1 级别的测试用例，执行结果如下。

```
collected 4 items / 2 deselected / 2 selected

test10_10.py aaaa
.cccc
.
========= 2 passed, 2 deselected, 5 warnings in 0.32s ============
```

要同时执行 L1 和 L2 级别的测试用例，执行命令 pytest -s "test10_10.py" -m "L1 or L2"，执行结果如下。

```
collected 4 items / 1 deselected / 3 selected

test10_10.py aaaa
.bbbb
.cccc
.
...
===== 3 passed, 1 deselected, 5 warnings in 0.01s ====
```

要同时执行非 L1 级别的测试用例，执行命令 pytest -s "test10_10.py" -m "not L1"，执行结果如下。

```
collected 4 items / 2 deselected / 2 selected
```

```
test10_10.py bbbb
.dddd
.
```

在根据标记执行测试用例的时候，可能会报如下错误。

```
======================= warnings summary ===========================
test10_10.py:5
    /Users/juandu/PyCharmProjects/iOSTest_1/Chapter10/test10_10.py:5:
    PytestUnknownMarkWarning: Unknown pytest.mark.L1 - is this a typo?  You can
    register custom marks to avoid this warning - for details, see https://docs.
    pytest.org/en/stable/how-to/mark.html
      @pytest.mark.L1
```

上述错误提示的意思是"不认识 L1 这个标记，请问这是拼写错误吗？你可以注册自定义标记以避免此警告"。如果想解决该问题，你可以将标记配置到 pytest.ini 文件中。

10.6.2 跳过某些测试用例

Pytest 通过 skip 和 skipif 装饰器来实现跳过某些测试用例的效果。

使用 skip(reason=None)，可以无条件跳过测试用例。

这里演示无条件跳过某测试用例，示例代码（test10_11.py）如下。

```
import pytest

class Test01(object):
    @pytest.mark.skip(reason=' 这里标记原因 ')
    def test_a(self):
        print('aaaa')
        assert 'a' == 'a'

    def test_b(self):
        print('bbbb')
        assert 'b' == 'b'
```

在 Terminal 中执行命令，执行结果如下。

```
% pytest "test10_11.py"
========================== test session starts ==========================
platform darwin -- Python 3.11.2, pytest-7.3.1, pluggy-1.0.0
rootdir: /Users/juandu/PycharmProjects/iOSTest_1/Chapter10
plugins: rerunfailures-11.1.2
collected 2 items

test10_11.py s.                                                    [100%]

==================== 1 passed, 1 skipped in 0.01 s ======
```

使用 skipif(condition, reason=None)，若满足条件，则跳过测试用例。

这里演示当圆括号中的 condition 为 True 时，跳过某条测试用例，示例代码（test10_12.py）如下。

```python
import pytest

class Test01(object):
    @pytest.mark.skipif(2>1, reason='2>1 为真，不执行')
    def test_a(self):
        print('aaaa')
        assert 'a' == 'a'

    def test_b(self):
        print('bbbb')
        assert 'b' == 'b'
```

因为条件 2>1 是满足的，所以跳过测试用例 test_a，执行结果如下。

```
% pytest "test10_12.py"
========================= test session starts =========================
platform darwin -- Python 3.11.2, pytest-7.3.1, pluggy-1.0.0
rootdir: /Users/juandu/PycharmProjects/iOSTest_1/Chapter10
plugins: rerunfailures-11.1.2
collected 2 items

test10_12.py s.                                                  [100%]

==================== 1 passed, 1 skipped in 0.01s =======
```

是不是觉得上面的示例没什么用处？看一看下面这些场景。

场景一：在实际的自动化测试中，某些情况下，我们希望一套测试用例可以同时在 Android 和 iOS 平台中执行。虽然 Appium 可跨平台运行（支持在多种操作系统中运行），但是不同平台间会有些许差异。当我们想要开发的某条测试用例只支持在 Android（默认在 Windows）平台中执行时，我们就可以进行如下代码（test10_13.py）。

```python
import pytest
import sys

class Test01(object):
    """
    sys.platform 用于获取当前操作系统的信息,
    Windows 系统用 win32 表示,
    Linux 系统用 linux2 表示,
    macOS 用 darwin 表示
    """
    @pytest.mark.skipif(sys.platform == 'darwin', reason='不在 macOS 中执行')
    def test_01(self):
```

```
        print('---测试用例01---')

    def test_02(self):
        print('---测试用例02---')

    def test_03(self):
        print('---测试用例03---')
```

场景二：在实际的自动化测试中，我们会通过参数化的方式在一条测试用例中执行多条数据。对于下面的测试用例，当 name 为 'storm' 时，没有访问权限，不执行测试用例，可以使用 pytest.skip() 来跳过该条测试用例（对应 test10_14.py）。

```
import pytest

data = ['admin', 'storm']
def test_01():
    for name in data:
        if name == 'storm':
            pytest.skip('storm没有访问权限')
        else:
            print('{}有访问权限'.format(name))
```

另外，在执行自动化测试时，会有这种情况：知道该功能存在稳定性问题，不想执行相关测试用例，但是也不想跳过它。这个时候我们就可以使用 xfail( )。xfail( ) 表示预期失败，不会影响测试用例的执行。如果执行成功，则报 xpassed；如果失败，就会报 xfailed。

```
import pytest

class Test01(object):
    @pytest.mark.xfail()
    def test_01(self):
        print('---测试用例01---，该功能暂未实现！')

    def test_02(self):
        print('---测试用例02---')

    @pytest.mark.xfail()
    def test_03(self):
        print('---测试用例03---，预期测试用例失败！')
        assert 1 == 2
```

执行结果如下。

```
==================== test session starts ================
platform darwin -- Python 3.11.2, pytest-7.3.1, pluggy-1.0.0
rootdir: /Users/juandu/PycharmProjects/iOSTest_1/Chapter10
plugins: rerunfailures-11.1.2
collected 3 items
```

```
test10_15.py ---测试用例01---，该功能暂未实现！
X---测试用例02---
.---测试用例03---，预期测试用例失败！
x

=============== 1 passed, 1 xfailed, 1 xpassed in 0.02s ======
```

注意，@pytest.mark.skip()可用于标记函数、类、类的方法，如果用于标记类，则类下的所有测试用例都不会执行。

10.7 全局设置

通过命令行参数、重试或标记的方式能够改变测试用例执行的规则。实际上，在自动化测试中，更常用的方式是在测试目录下面创建 pytest.ini 文件，然后将期望的测试用例执行规则放到该文件中。我们称这种方式为全局设置。

10.7.1 准备测试目录

我们先准备一个测试目录，在 Chapter10 下面，新建 Python 包——test_10_1（对应的文件夹图标上有一个小圆点），在 test_10_1 下面新建 testcase，同时新建 pytest.ini 文件。接着，在 testcase 目录下新建两条测试用例 test_1.py 和 test_2.py。Chapter10 整体的结构如图 10-2 所示。

图 10-2 Chapter10 整体的结构

test_1.py 的内容如下。

```
import pytest

class TestStorm1(object):
```

```
        @pytest.mark.L1
        def test_01(self):
            print('aaa')
            assert 'a'=='a'
```

test_2.py 的内容如下。

```
import pytest

class TestStorm2(object):
    @pytest.mark.L2
    def test_02(self):
        print('bbb')
        assert 'b' == 'c'  # 断言失败
```

pytest.ini 的内容如下。

```
[pytest]
addopts = -v --reruns 2  --reruns-delay 2 -m "L1 or L2"
markers = L1:level_1 testcases
    L2:level_2 testcases
testpaths = testcases
python_file = test_*.py
python_classes = Test*
python_functions = test_*
```

关于 pytest.ini，说明如下。

- 文件名必须是 pytest.ini。
- 文件内容必须以"[pytest]"开头。
- 文件不能包含中文内容。
- 在该文件中设置命令行参数。

通过关键字 addopts 设置命令行运行参数，这里设置日志级别为"-v"，设置错误重试次数为 2，每次重试的时间间隔为 2 s，默认执行标记为"L1""L2"的测试用例，如下所示。

```
addopts = -v --reruns 2  --reruns-delay 2 -m "L1 or L2"
```

我们可以将自定义标记添加到 pytest.ini 中。注意，第二个标记需要换行且缩进。这里定义了两个标记：标记 L1 代表 level 1 case；标记 L2 代表 level 2 case。标记定义格式为"标记名 + 冒号 + 解释"，如下所示。

```
markers = L1:level_1 testcases
    L2:level_2 testcases
```

定义测试用例查找目录，这里在当前文件的同级目录的 testcase 目录下查找测试用例。

```
testpaths = testcases
```

设置查找测试文件名的规则。默认查找以"test_"开头的文件。如果我们想查找以"storm"开头的文件，就可以写为"storm_*.py"（一般不建议修改）。

```
python_file = test_*.py
```

查找以"Test*"开头的类，也可以修改为其他字符（一般不建议修改）。

```
python_classes = Test*
```

查找以"test_"开头的方法，也可以修改为其他字符（一般不建议修改）。

```
python_functions = test_*
```

10.7.2 执行全局测试

既然我们已经准备好了一个测试目录，就开始执行全局测试。

首先，打开 Terminal，使用 cd 命令进入 test_10_1 目录。

```
% cd /Users/juandu/PycharmProjects/iOSTest_1/Chapter10/test_10_1
```

请将 cd 后的路径替换成你的项目路径。

接下来，执行命令，可以看到如下结果。

```
% pytest
========================= test session starts =========================
...
collected 2 items

testcase/test_1.py::TestStorm1::test_01 PASSED                   [ 50%]
testcase/test_2.py::TestStorm2::test_02 RERUN                    [100%]
testcase/test_2.py::TestStorm2::test_02 RERUN                    [100%]
testcase/test_2.py::TestStorm2::test_02 FAILED                   [100%]


============================== FAILURES ===============================
_____ TestStorm2.test_02 _____

self = <Chapter10.test_10_1.testcase.test_2.TestStorm2 object at 0x1058db990>

    @pytest.mark.L2
    def test_02(self):
        print('bbb')
>       assert 'b' == 'c'  # 断言失败
E       AssertionError: assert 'b' == 'c'
E         - c
E         + b

testcase/test_2.py:8: AssertionError
----------------------- Captured stdout call ------------------------
```

```
bbb
----------------------- Captured stdout call -----------------------
bbb
----------------------- Captured stdout call -----------------------
bbb
...
===================== short test summary info =====================
FAILED testcase/test_2.py::TestStorm2::test_02 - AssertionError: assert 'b' == 'c'
=========== 1 failed, 1 passed, 1 warning, 2 rerun in 4.05 s ======
```

可以看到，我们只使用了一条 pytest 命令，该命令自动读取 pytest.ini 文件中的配置信息，然后按照预置的规则来执行测试用例。

合理使用 pytest.ini 能方便地控制测试用例执行的情况。

10.8 测试报告

Pytest 框架支持多种形式的测试报告。本节将分别介绍 pytest-html 和 Allure 两种形式的测试报告。

10.8.1 pytest-html 测试报告

本节介绍轻量级的 pytest-html 测试报告。

首先，借助 pip3 来安装 pytest-html 包，命令如下。

```
% pip3 install pytest-html
Collecting pytest-html
  Downloading pytest_html-3.2.0-py3-none-any.whl (16 kB)
...
Installing collected packages: py, pytest-metadata, pytest-html
Successfully installed py-1.11.0 pytest-html-3.2.0 pytest-metadata-2.0.4
```

在 Chapter10 下面，新建 Python 包——test_10_2。然后，将 test_10_1 中的文件复制到 test_10_2 中。

将测试报告的配置项（--html= 路径）放到 pytest.ini 文件中，如下所示。

```
[pytest]
addopts = -v --reruns 2  --reruns-delay 2 -m "L1 or L2" --html=./report.html
markers = L1:level_1 testcases
    L2:level_2 testcases
```

```
testpaths = testcases
python_file = test_*.py
python_classes = Test*
python_functions = test_*
```

接下来，在命令行窗口中，执行测试。

```
% cd ../test_10_2
% pytest
========================= test session starts =========================
省略部分内容
collected 2 items

testcase/test_1.py::TestStorm1::test_01 PASSED          [ 50%]
testcase/test_2.py::TestStorm2::test_02 RERUN           [100%]
testcase/test_2.py::TestStorm2::test_02 RERUN           [100%]
testcase/test_2.py::TestStorm2::test_02 FAILED          [100%]


============================ FAILURES =============================
_____ TestStorm2.test_02 _____

self = <Chapter10.test_10_2.testcase.test_2.TestStorm2 object at 0x104d81c90>

    @pytest.mark.L2
    def test_02(self):
        print('bbb')
>       assert 'b' == 'c'  # 断言失败
E       AssertionError: assert 'b' == 'c'
E         - c
E         + b

testcase/test_2.py:8: AssertionError
----------------------- Captured stdout call ----------------------
bbb
----------------------- Captured stdout call ----------------------
bbb
----------------------- Captured stdout call ----------------------
bbb
省略部分内容
====================== short test summary info =======================
FAILED testcase/test_2.py::TestStorm2::test_02 - AssertionError: assert 'b' == 'c'
=========== 1 failed, 1 passed, 1 warning, 2 rerun in 4.06s ====
```

测试结束后，在 PyCharm 中可以看到新生成的 report.html 文件。右击文件，在弹出的快捷菜单中选择 Open In → Browser → Chrome，如图 10-3 所示，打开测试报告。

图 10-3　打开测试报告

查看测试报告，测试报告截图（部分）如图 10-4 所示。

图 10-4　测试报告截图（部分）

测试报告的内容包括以下方面。

- 报告生成的日期、时间。
- 测试环境（包括第三方包版本、平台等）。
- 测试总结（包括执行时间、测试用例数量、测试用例通过的条数、跳过的条数、失败的条数等）。
- 具体测试结果。

虽然该报告显示的内容相对丰富，但整体页面风格过于简单，我们还有更好的选择。

10.8.2　Allure 测试报告

Allure 是一款灵活、轻量级、支持多种语言的测试报告工具。

Allure 基于 Java 开发，因此我们需要提前安装 Java 8 或以上版本的环境。

首先，确认 Java 是否安装并配置环境变量。

```
% java -version
java version "1.8.0_211"
Java(TM) SE Runtime Environment (build 1.8.0_211-b12)
Java HotSpot(TM) 64-Bit Server VM (build 25.211-b12, mixed mode)
```

我们可以直接使用 Homebrew 工具安装 Allure，命令如下。

```
% brew install allure
```

Homebrew 安装 Allure 后，会自动将其配置到环境变量中。执行如下命令，确认 Allure 安装是否成功。

```
% allure --version
2.21.0
```

在 Terminal 中，输入命令"pip3 install allure-pytest"，按 Enter 键，安装 allure-pytest 插件。

如果使用的是 Python 虚拟环境，则需要先切换到虚拟环境再执行安装命令，或者通过 PyCharm 对该插件进行安装。

```
% pip3 install allure-pytest
Collecting allure-pytest
  Downloading allure_pytest-2.13.1-py3-none-any.whl (10 kB)
...
Installing collected packages: allure-python-commons, allure-pytest
Successfully installed allure-pytest-2.13.1 allure-python-commons-2.13.1
```

在 PyCharm 中，可以搜索 allure-pytest 插件并对该插件进行安装。

接下来，在 Chapter10 下面新建一个 Python 包——test_10_3，在 test_10_3 下面新建 result 文件夹和 report 文件夹，在 result 文件夹下再新建两个 Python 文件 test_1.py、test_2.py，以及一个 pytest.ini 文件。完成新建操作后，目录结构如图 10-5 所示。

文件 test_1.py 的内容如下（这里需要参考后面的测试报告看代码中的注释）。

图 10-5　目录结构

```python
import pytest,allure

@allure.feature("测试场景1")          # 标记场景
class TestDemo():
    @allure.story("测试用例1-1")  # 标记测试用例
    @allure.severity("trivial")  # 标记测试用例的级别
    @allure.step('测试步骤1：准备活动')
    def test_1_1(self): # 测试用例1-1
        """
        测试用例描述：这是测试用例1-1的描述
        """
        assert 2 == 2

    @allure.story("测试用例1-2")
    @allure.severity("critical")
    def test_1_2(self):
        """
        测试用例描述：这是测试用例1-2的描述
        """
        assert 2 == 2
```

文件 test_2.py 的内容如下。

```python
import pytest, allure

@allure.feature("测试场景2")         # 标记场景
class TestDemo():
    @allure.story("测试用例2-1")     # 标记测试用例
    @allure.severity("minor")        # 标记测试用例的级别
    def test_2_1(self):
        """
        测试用例描述：这是测试用例2-1的描述
        """
        # allure.MASTER_HELPER.description("111111111111111")
        a = 1 + 1
        assert a == 3   # 断言失败

    @allure.story("测试用例2-2")
    @allure.severity("minor")
    @allure.step('测试用例2：重要步骤')
    def test_2_2(self):
        """
        测试用例描述：这是测试用例2-2的描述
        """
        assert 2 == 2
```

文件中的标记如下。

- feature：标记主要功能模块。
- story：标记 features 功能模块下的分支功能。
- severity：标记测试用例的严重性级别。
  - blocker：阻塞级别。
  - critical：严重级别。
  - normal：一般级别。
  - minor：次要级别。
  - trivial：轻微级别。
- step：标记测试用例的重要步骤。

pytest.ini 文件的内容如下。

```
[pytest]
addopts = -v --reruns 2  --reruns-delay 2 --alluredir=./result --clean-alluredir
testpaths = testcases
python_file = test_*.py
python_classes = Test*
python_functions = test_*
```

说明如下。

- --alluredir 选项用来指定测试结果保存的目录。
- --clean-alluredir 选项用来自动清除 alluredir 目录中的旧文件。

打开 Terminal，进入 test_10_3，执行测试用例，执行 pytest 命令，执行结果如下。

```
% pytest
...
collected 4 items
test_1.py::TestDemo::test_1_1 PASSED                             [ 25%]
test_1.py::TestDemo::test_1_2 PASSED                             [ 50%]
test_2.py::TestDemo::test_2_1 RERUN                              [ 75%]
test_2.py::TestDemo::test_2_1 RERUN                              [ 75%]
test_2.py::TestDemo::test_2_1 FAILED                             [ 75%]
test_2.py::TestDemo::test_2_2 PASSED                             [100%]
...
======================= short test summary info =======================
FAILED test_2.py::TestDemo::test_2_1 - assert 2 == 3
=========== 1 failed, 3 passed, 1 warning, 2 rerun in 4.06s ===
```

测试用例执行后，会在 result 文件夹里面生成测试结果，文件格式为 JSON。result 文件夹展开后的效果如图 10-6 所示。

在 Terminal 中，执行如下命令，生成 HTML 报告。

```
% allure generate ./result -o ./report --clean
```

说明如下。

- ./result 用于指明从 result 文件夹中读取测试结果。
- -o ./report 用于在 report 文件夹中生成报告。
- --clean 用于在每次生成报告前清除上一次的测试报告文件。

命令执行完成，可以看到"Report successfully generated to ./report"。然后，回到 PyCharm，report 文件夹再次展开后的效果如图 10-7 所示。

图 10-6 result 文件夹展开后的效果　　　　图 10-7 report 文件夹再次展开后的效果

用浏览器打开 index.html 文件，查看 Allure 报告。

index.html 文件打开后，默认显示 Overview 界面，如图 10-8 所示。

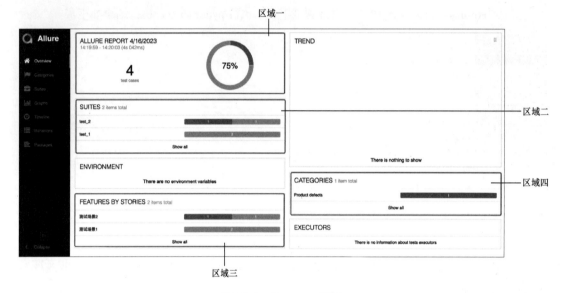

图 10-8　Overview 界面

区域一显示报告生成的时间、执行的时间、测试用例的个数和测试用例通过的比例。

区域二显示测试套件的情况。

区域三显示测试场景。

区域四显示失败测试用例的信息。

在 Categories 界面中，可以看到断言失败的具体信息，如图 10-9 所示。

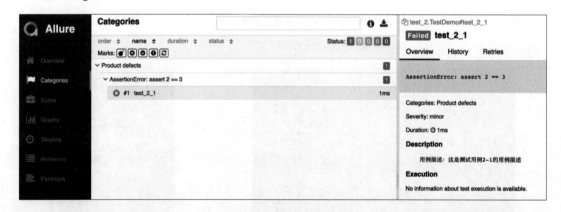

图 10-9　Categories 界面

在 Suites 界面中，可以以测试集合树的形式查看测试用例执行的结果，如图 10-10 所示。

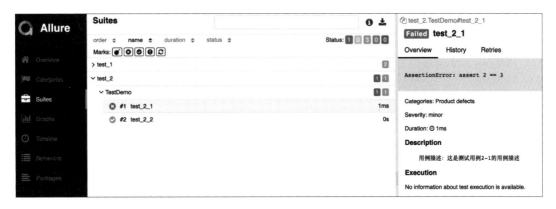

图 10-10　Suites 界面

在 Graphs 界面中，可以看到测试用例执行状态的环状图、测试用例严重性级别的柱状图、测试用例执行时间的柱状图，如图 10-11 所示。

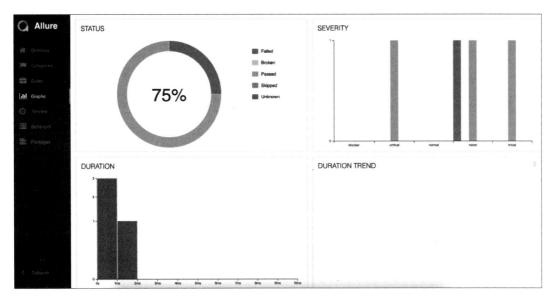

图 10-11　Graphs 界面

剩下的 Timeline、Behaviors 和 Packages 界面的信息大同小异，大家自行浏览，这里不赘述。

10.9　Pytest 与 Appium

在 Chapter10 目录中新建 Python Package，将它命名为 test_10_4。对 test7_2.py 测试用例以 Pytest 类的方式进行改写，体验一下 Pytest 风格的自动化测试脚本。

test_10_4 文件夹下的 test_1.py 的内容如下。

```python
from selenium import webdriver
from appium import webdriver
from appium.webdriver.common.appiumby import AppiumBy
from time import sleep
import pytest

class TestTextFields():
    def setup(self):
        caps = {
            "appium:platformName": "iOS",
            "appium:platformVersion": "16.4",
            "appium:deviceName": "iPhone 14",
            "appium:app": "/Users/juandu/Library/Developer/Xcode/DerivedData/UIKitCatalog-gdzebhtrarkehxetojfioimyqtls/Build/Products/Debug-iphonesimulator/UIKitCatalog.app",
            # "appium:noReset": True
        }
        self.driver = webdriver.Remote("http://127.0.0.1:4723/wd/hub", caps)

    def teardown(self):
        # 休眠 1 s
        sleep(1)
        self.driver.quit()

    def test_send_1(self):
        # 定位元素 Text Fields,并单击
        ele1 = self.driver.find_element(AppiumBy.ACCESSIBILITY_ID, 'Text Fields')
        ele1.click()
        # 定位文本框,在文本框中输入文字 "Storm"
        ele2 = self.driver.find_elements(AppiumBy.IOS_PREDICATE, 'type == "XCUIElementTypeTextField"')
        ele2[0].send_keys('Storm')
        # print(ele2[0].text)
        assert ele2[0].text == 'Storm'

if __name__ == '__main__':
    pytest.main(["-s"])
```

代码解析如下。

- 代码中定义了 TestTextFields 类。
- 在 TestTextFields 类下面定义了 3 个方法,它们分别是 setup()、teardown() 和 test_send_1(): setup() 方法用来初始化 driver; teardown() 方法用来退出 driver; test_send_1() 方法用来测试输入文字。
- 在 test_send_1() 中增加了断言。

后面,我们在实际测试中会使用 Pytest 风格来编写测试用例。

10.10 Pytest 参数化

在前面，当在测试文本框输入时，我们只验证了在文本框中可以输入英文单词，假如我们还想测试是否可以输入数字、中文、特殊字符，该如何实现呢？

如果测试步骤不变，仅测试数据变化，就需要使用"参数化"来实现。Pytest 自身支持参数化，使用 @pytest.mark.parametrize("argnames" argvalues) 方法。

其中的参数如下。

- argnames：参数名称。如果有单个参数，则用参数名；如果有多个参数，则可以将这些参数拼接到一个元组中。
- argvalues：参数值，类型必须为可迭代类型，一般为 list。

在 Chapter10 下面新建 Python 包，将它命名为 test_10_5，将 test_10_4 中的 test_1.py 文件复制到 test_10_5 中，内容修改如下。

```
from appium import webdriver
from appium.webdriver.common.appiumby import AppiumBy
from time import sleep
import pytest

# 这里准备了4种类型的输入，它们分别是英文单词、数字、中文和特殊字符
data = ['storm', 123, '中文', '!@#']

@pytest.mark.parametrize("s_txt", data)
class TestTextFields():
    def setup(self):
        caps = {
            "appium:platformName": "iOS",
            "appium:platformVersion": "16.4",
            "appium:deviceName": "iPhone 14",
            "appium:app": "/Users/juandu/Library/Developer/Xcode/DerivedData/
            UIKitCatalog-gdzebhtrarkehxetojfioimyqtls/Build/Products/Debug-
            iphonesimulator/UIKitCatalog.app",
            # "appium:noReset": True
        }
        self.driver = webdriver.Remote("http://127.0.0.1:4723/wd/hub", caps)

    def teardown(self):
        # 休眠1s
        sleep(1)
        self.driver.quit()
```

```python
    def test_send_1(self, s_txt):
        # 定位元素 Text Fields,并单击
        ele1 = self.driver.find_element(AppiumBy.ACCESSIBILITY_ID, 'Text Fields')
        ele1.click()
        # 这里不推荐使用 IOS_CLASS_CHAIN
        # 定位文本框,输入文字 "Storm"
        ele2 = self.driver.find_elements(AppiumBy.IOS_PREDICATE, 'type == "XCUIElementTypeTextField"')
        ele2[0].send_keys(s_txt)
        # 如果 s_txt 是数字,要先转换成同类型再比较
        if type(s_txt) == int:
            assert ele2[0].text == str(s_txt)
        else:
            assert ele2[0].text == s_txt

if __name__ == '__main__':
    pytest.main(["-s"])
```

另外,如果要参数化多个值,则可以先将数据放入元组中,再将元组放入列表中,使用方式如下。

```
data = [('admin', 'error', '0'), ('admin', 'rootroot', '1')]
@pytest.mark.parametrize(("username", "password", "status"), data)
```

当然,也可以使用嵌套列表。

```
data = [['admin', 'error', '0'], ['admin', 'rootroot', '1']]
@pytest.mark.parametrize(("username", "password", "status"), data)
```

用 Pytest 框架实现参数化的方法非常简便。

本章介绍了 Pytest 的基本用法。后续章节还会讲解 Pytest 的其他知识点。

第11章
项目实战

本章主要包括两项内容：一项是真机环境部署，另一项是借助 Pytest 框架开发自动化测试用例。

11.1 真机环境部署

本节首先介绍 iOS 真机自动化测试的流程。iOS 真机自动化测试和模拟器自动化测试大同小异。

需要准备的环境如下。

- macOS 及自动化测试的相关环境。
- 测试真机，本书中以 iPhone 12 为例。
- 数据线（用于连接计算机与真机）。

首先，安装 WDA。为了安装 WDA，将真机通过数据线连接到计算机，在手机端和计算机端的"允许配件连接？"对话框中，单击"允许"按钮，如图 11-1 所示。

图 11-1 单击"允许"按钮

通过 Xcode 将 WDAR 安装到真机设备中。将设备设置为要连接的真机，如图 11-2 所示。安装完成后，显示"不受信任的开发者"对话框，如图 11-3 所示。

图 11-2 将设备设置为要连接的真机

图 11-3 "不受信任的开发者"对话框

依次选择手机中的"设置"→"通用"→"VPN 与设备管理"，找到配置描述文件 UIKitCatalog，单击"信任'Apple Development：*****'"，如图 11-4 所示。

然后，在真机的应用商店中搜索"京东"App 并安装。打开 App，手动完成登录操作（后续测试用例都是在已登录的前提下开展的）。

接下来，打开 Appium Server GUI，为后续真机与计算机通信做准备。

图 11-4 单击"信任'Apple Development：*****'"

为了连接真机，需要获取以下信息。

```
# 真机名（udid）
```

```
% idevicename
iPhone12
# 真机系统版本
% ideviceinfo|grep ProductVersion
ProductVersion: 16.3.1
# 查找设备的 udid
% idevice_id --list
00008101-000B64AE3C98001E
# "京东" App 的 bundleId
% ideviceinstaller list |grep jd
com.360buy.jdmobile, "12.0.8", "京东"
```

接下来，启动 Inspector，填入获取的信息，如图 11-5 所示。

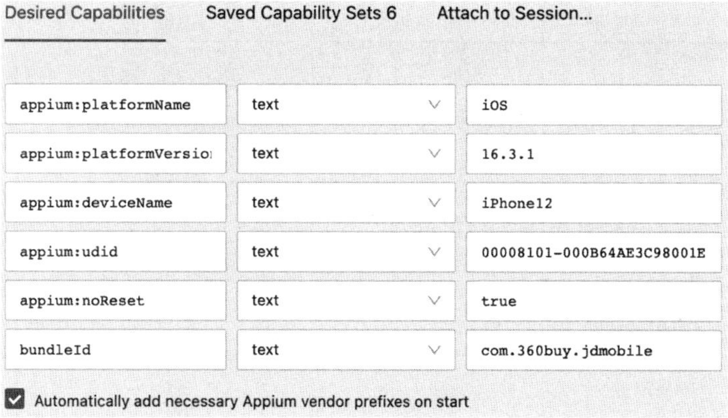

图 11-5　填写信息

注意，在图 11-5 中我们还配置了 appium:noReset 的值为 true。

配置完成，单击 Start Session 按钮，即可启动 Inspector。此时可以看到真机自动打开了"京东"App，而 Inspector 也捕获了对应的屏幕信息。

11.2 自动化测试用例开发

本节介绍如何开发自动化测试用例。

11.2.1　测试用例设计

本节以"京东"App 为测试对象，设计 4 条测试用例（见表 11-1）。

表 11-1 "京东" App 测试用例

测试用例	测试用例模块	测试用例标题	测试用例级别	前提条件	操作步骤	预期结果
test_1_1_home_search.py	首页	搜索目标商品	L1	使用特定测试账号登录	(1) 打开"京东"App。 (2) 单击首页的搜索框。 (3) 在打开的搜索页面的搜索框中，输入"Python 实现 Web UI 自动化测试实战"，单击"搜索"按钮。 (4) 单击搜索列表中的第一个商品，进入详情页面。 (5) 查看本书的作者	作者包括 Storm
test_1_2_add_cart.py	首页	将商品加入购物车	L1	使用特定测试账号登录	(1) 打开"京东"App。 (2) 单击首页的搜索框。 (3) 在打开的搜索页面的搜索框中，输入"Python 实现 Web UI 自动化测试实战"，单击"搜索"按钮。 (4) 单击搜索列表中的第一个商品，进入详情页面。 (5) 单击"加入购物车"按钮，将商品加入购物车。 (6) 进入"购物车"，查看目标商品是否在购物车中	单击"加入购物车"按钮后，页面底部的购物车图标右上角的数字加 1；购物车中有目标商品，且在最上面
test_1_3_collect.py	首页	将商品加入收藏	L2	使用特定测试账号登录	(1) 打开"京东"App。 (2) 单击首页的搜索框。 (3) 在打开的搜索页面的搜索框中，输入"Python 实现 Web UI 自动化测试实战"，单击"搜索"按钮。 (4) 单击搜索列表中的第一个商品，进入详情页面。 (5) 单击"收藏"按钮（如果商品处于已收藏状态，则先取消收藏，再单击"收藏"按钮）。 (6) 进入"我的"，单击"商品收藏"列表，查看收藏的商品	toast 提示"添加成功，可在我的－商品收藏查看和管理哦"；"商品收藏"列表中有目标商品，且在最上面
test_4_1_pay.py	购物车	结算商品	L1	使用特定测试账号登录，已维护默认收货地址	(1) 打开"京东"App。 (2) 进入"购物车"，选择任意商品，单击"去结算"按钮。 (3) 进入"填写订单"页面，判断"提交订单"按钮是否可单击	"提交订单"按钮可单击

测试用例设计说明如下。

- 按照 Pytest 框架使用规则，测试用例的名称以"test_"开头，后面有两个数字和对应功能的单词；第一个数字为对应的功能模块，例如，这里的 1 对应"首页", 2 对应"逛", 3 对应"新品", 4 对应"购物车", 5 对应"我的"; 第二个数字对应功能模块下的测试用例执行顺序，例如，test_1_1_×× 会先于 test_1_2_×× 执行，最后一部分是测试用例的标题，用英文单词表示，如 home_search。
- "京东"App 是一个功能丰富的 App，这里从底层菜单的角度进行功能模块划分，你也可以从业务的角度划分功能模块。
- 测试用例的标题要能够描述该条测试用例的目的。
- 测试用例可能有执行的前提条件。
- 操作步骤从登录后开始描述。
- 预期结果对应某条用例执行的操作。

上述测试用例仅供参考，大家可按照实际项目经验进行优化。

11.2.2 测试用例代码实现

首先，创建 Chapter11 目录，其结构如图 11-6 所示，将本节中的代码保存在该目录中。

结合前面章节学到的知识，依据表 11-1，在 Chapter11 目录下编写测试用例的代码。

图 11-6 Chapter11 目录的结构

测试用例一（test_1_1_home_search.py）的具体代码如下，请读者关注代码中的注释。

```
from appium import webdriver
from appium.webdriver.common.appiumby import AppiumBy
from time import sleep
import pytest

data = [['Python 实现 Web UI 自动化测试实战 ', 'Storm,李鲲程,边宇明 ', 'Storm'], ]

@pytest.mark.parametrize(("book_name", "author", "target"), data)
class TestHomeSearch(object):
    """
    测试首页的搜索功能
    """
    def setup(self):
        # 初始化 driver
        caps = {
            "appium:platformName": "iOS",
```

```python
            "appium:platformVersion": "16.3.1",
            "appium:deviceName": "iPhone 12",
            "appium:udid": "00008101-000B64AE3C98001E",
            "appium:bundleId": "com.360buy.jdmobile",
            # "appium:noReset": True
        }
        self.driver = webdriver.Remote("http://127.0.0.1:4723/wd/hub", caps)
        self.driver.implicitly_wait(10)

    def teardown(self):
        # 休眠 1 s，然后退出 driver
        sleep(1)
        self.driver.quit()

    @pytest.mark.L1
    def test_search(self, book_name, author, target):
        # 单击首页中的搜索框
        self.driver.find_element(AppiumBy.IOS_PREDICATE, 'name CONTAINS " 搜索栏 "').click()
        # 在新打开的搜索页面的搜索框中输入 "Web UI 自动化测试 "，单击 " 搜索 " 按钮
        # 注意新打开页面中的搜索框
        self.driver.find_element(AppiumBy.IOS_PREDICATE, 'type == "XCUIElementTypeSearchField"').send_keys(
            book_name)
        # 单击 " 搜索 " 按钮
        self.driver.find_element(AppiumBy.IOS_PREDICATE, 'type == "XCUIElementTypeButton" and name == " 搜索 "').click()
        # 单击 " 京东物流 "，筛选京东物流的图书
        self.driver.find_element(AppiumBy.IOS_PREDICATE, 'label == " 京东物流 " AND name == " 京东物流 "').click()
        # 单击第一个 "Python 实现 Web UI 自动化测试实战 "，进入图书详情页
        self.driver.find_element(AppiumBy.ACCESSIBILITY_ID, author).click()
        # 找到作者元素
        ele = self.driver.find_element(AppiumBy.IOS_PREDICATE, 'label == "{}"'.format(author))
        # 将作者信息保存到 ele_txt 中
        ele_txt = ele.text
        print(' 作者信息：{}'.format(ele_txt))
        # 断言 'Storm' 是作者之一
        assert target in ele_txt

if __name__ == '__main__':
    pytest.main(["-s"])
```

代码说明如下。

- 该测试用例使用 @pytest.mark.parametrize() 进行参数化。定义 book_name、author 和 target 这 3 个变量，分别对应要搜索的图书名称、图书作者及作者校验值。

- 不能直接在首页搜索框中输入文字，需要先单击搜索框，然后在新打开的搜索页面的搜索框（和首页搜索框不是同一个元素）中输入文字。
- 在图书搜索结果页中，单击目标图书。考虑在有商品活动的时候某些图书名称中可能会添加其他文字，但作者信息变动的概率较小，因此这里通过作者元素定位图书元素，然后单击定位到的图书。
- 通过 Pytest 的 assert 对结果进行断言。
- 该测试用例的级别为 L1。

测试用例二（test_1_2_add_cart.py）的具体代码如下。

```python
from appium import webdriver
from appium.webdriver.common.appiumby import AppiumBy
from time import sleep
import pytest

data = [['Python 实现 Web UI 自动化测试实战', 'Storm,李鲲程,边宇明', 'Storm'], ]

@pytest.mark.parametrize(("book_name", "author", "target"), data)
class TestAddCart(object):
    """
    测试加入购物车功能，加购商品后，购物车中有该商品
    """
    def setup(self):
        caps = {
            "appium:platformName": "iOS",
            "appium:platformVersion": "16.3.1",
            "appium:deviceName": "iPhone 12",
            "appium:udid": "00008101-000B64AE3C98001E",
            "bundleId": "com.360buy.jdmobile",
            # "appium:noReset": True
        }
        self.driver = webdriver.Remote("http://127.0.0.1:4723/wd/hub", caps)
        self.driver.implicitly_wait(10)

    def teardown(self):
        # 休眠 1 s
        sleep(1)
        self.driver.quit()

    @pytest.mark.L1
    def test_add_cart(self, book_name, author, target):
        # 单击首页中的搜索框
        self.driver.find_element(AppiumBy.IOS_PREDICATE, 'name CONTAINS "搜索栏"').click()
        # 在新打开的搜索页面的搜索框中输入"Web UI 自动化测试"，单击"搜索"按钮
        # 注意新打开页面中的搜索框
        self.driver.find_element(AppiumBy.IOS_PREDICATE, 'type ==
```

```python
            "XCUIElementTypeSearchField"').send_keys(
                book_name)
            # 单击"搜索"按钮
            self.driver.find_element(AppiumBy.IOS_PREDICATE, 'type == '
            '"XCUIElementTypeButton" and name == "搜索"').click()
            # 单击"京东物流",筛选京东物流的图书
            self.driver.find_element(AppiumBy.IOS_PREDICATE,
            'label == "京东物流" AND name == "京东物流" AND value == "京东物流"').click()
            # 单击第一个"Python 实现 Web UI 自动化测试实战",进入图书详情页
            self.driver.find_element(AppiumBy.ACCESSIBILITY_ID, author).click()
            # 单击"加入购物车"按钮
            self.driver.find_element(AppiumBy.IOS_CLASS_CHAIN, '**/XCUIElementTypeSta
            ticText[`label == "加入购物车"`]').click()
            # 单击"返回"按钮,返回商品搜索列表页面
            self.driver.find_element(AppiumBy.ACCESSIBILITY_ID, '返回').click()
            # 再次单击"返回"按钮,返回搜索页面
            self.driver.find_element(AppiumBy.ACCESSIBILITY_ID, '返回').click()
            # 单击"返回"按钮,返回首页
            self.driver.find_element(AppiumBy.ACCESSIBILITY_ID, '返回').click()
            # 单击"购物车"按钮
            self.driver.find_element(AppiumBy.IOS_CLASS_CHAIN, '**/
            XCUIElementTypeButton[`label == "购物车"`]').click()
            # 将第一本书的书名存储到变量 book_name1 中
            book_name1 = self.driver.find_element(AppiumBy.IOS_PREDICATE, 'label
            CONTAINS "{}"'.format(book_name)).get_attribute('name')
            print('the book name is {}'.format(book_name1))
            assert book_name in book_name1

if __name__ == '__main__':
    pytest.main(["-s"])
```

代码说明如下。

- 该测试用例也包含查询图书、进入图书详情页的代码,存在代码冗余。
- 请读者关注元素定位方式,考虑是否有更优选择。
- 该测试用例的级别为 L1。

测试用例三(test_1_3_collect.py)的具体代码如下。

```python
from appium import webdriver
from appium.webdriver.common.appiumby import AppiumBy
from time import sleep
import pytest


data = [['Python 实现 Web UI 自动化测试实战', 'Storm,李鲲程,边宇明', 'Storm'], ]


@pytest.mark.parametrize(("book_name", "author", "target"), data)
class TestCollect(object):
    """
```

测试收藏功能
"""
```python
def setup(self):
    caps = {
        "appium:platformName": "iOS",
        "appium:platformVersion": "16.3.1",
        "appium:deviceName": "iPhone 12",
        "appium:udid": "00008101-000B64AE3C98001E",
        "appium:bundleId": "com.360buy.jdmobile",
        # "appium:noReset": True
    }
    self.driver = webdriver.Remote("http://127.0.0.1:4723/wd/hub", caps)
    self.driver.implicitly_wait(10)


def teardown(self):
    # 休眠 1 s
    sleep(1)
    self.driver.quit()


@pytest.mark.L2
def test_collect(self,book_name,author,target):
    # 单击首页中的搜索框
    self.driver.find_element(AppiumBy.IOS_PREDICATE, 'name CONTAINS " 搜索栏 "').click()
    # 在新打开的搜索页面的搜索框中输入 "Web UI 自动化测试 "，单击 " 搜索 " 按钮
    # 注意新打开页面中的搜索框
    self.driver.find_element(AppiumBy.IOS_PREDICATE, 'type == "XCUIElementTypeSearchField"').send_keys(
        book_name)
    # 单击 " 搜索 " 按钮
    self.driver.find_element(AppiumBy.IOS_PREDICATE, 'type == "XCUIElementTypeButton" and name == " 搜索 "').click()
    # 单击 " 京东物流 "，筛选京东物流的图书
    self.driver.find_element(AppiumBy.IOS_PREDICATE,
    'label == " 京东物流 " AND name == " 京东物流 " AND value == " 京东物流 "').click()
    # 单击第一个 "Python 实现 Web UI 自动化测试实战 "，进入图书详情页
    self.driver.find_element(AppiumBy.ACCESSIBILITY_ID, author).click()
    # 单击 " 加入收藏 " 按钮
    self.driver.find_element(AppiumBy.IOS_CLASS_CHAIN, '**/XCUIElementTypeButton[`label == " 收藏 "`][2]').click()
    # 单击 " 返回 " 按钮，返回商品搜索列表页面
    self.driver.find_element(AppiumBy.ACCESSIBILITY_ID, ' 返回 ').click()
    # 再次单击 " 返回 " 按钮，返回搜索页面
    self.driver.find_element(AppiumBy.ACCESSIBILITY_ID, ' 返回 ').click()
    # 单击 " 返回 " 按钮，返回首页
    self.driver.find_element(AppiumBy.ACCESSIBILITY_ID, ' 返回 ').click()

    # 单击 " 我的 "
```

```python
        self.driver.find_element(AppiumBy.IOS_CLASS_CHAIN, '**/
XCUIElementTypeButton[`label == "我的"`]').click()
        # 单击"商品收藏"，进入收藏详情列表
        self.driver.find_element(AppiumBy.IOS_PREDICATE, 'label == "商品收藏"').click()
        # 将包含"Web UI 自动化测试"的图书名放入变量 book_name1 中
        book_name1 = self.driver.find_element(AppiumBy.IOS_PREDICATE,
        'label CONTAINS "{}"'.format(book_name)).get_attribute('name')
        print('the book name is {}'.format(book_name1))
        # 断言：收藏的图书在图书列表可见
        assert book_name in book_name1
        # 将收藏的图书取消收藏
        # self.driver.execute_script('mobile: swipe', {'direction': 'right'})
        book_ele = self.driver.find_element(AppiumBy.IOS_PREDICATE,
        'label CONTAINS "{}"'.format(book_name)) self.driver.execute_script('mobile:
        swipe', {'direction': 'left', 'element': book_ele, "duration": 1})
        # 单击"取消收藏"
        self.driver.find_element(AppiumBy.IOS_CLASS_CHAIN,
        '**/XCUIElementTypeButton[`label == "取消收藏"`][1]').click()

if __name__ == '__main__':
    pytest.main(["-s"])
```

代码说明如下。

- 收藏图书并执行完断言检查后，需要将收藏的图书取消收藏（否则下次单击"收藏"按钮时，会取消收藏该图书）。
- 该测试用例的级别为 L2。

测试用例四（test_4_1_pay.py）的具体代码如下。

```python
from appium import webdriver
from appium.webdriver.common.appiumby import AppiumBy
from time import sleep
import pytest

data = [['Python 实现 Web UI 自动化测试实战', 'Storm,李鲲程,边宇明', 'Storm'], ]


@pytest.mark.parametrize(("book_name", "author", "target"), data)
class TestPay(object):
    """
    测试结算商品功能，判断"提交订单"按钮是否可单击
    """
    def setup(self):
        caps = {
            "appium:platformName": "iOS",
            "appium:platformVersion": "16.3.1",
            "appium:deviceName": "iPhone 12",
            "appium:udid": "00008101-000B64AE3C98001E",
```

```python
            "appium:bundleId": "com.360buy.jdmobile",
            # "appium:noReset": True
        }
        self.driver = webdriver.Remote("http://127.0.0.1:4723/wd/hub", caps)
        self.driver.implicitly_wait(10)

    def teardown(self):
        # 休眠 1 s
        sleep(1)
        self.driver.quit()

    @pytest.mark.L1
    def test_pay(self,book_name,author,target):
        # 单击首页中的搜索框
        self.driver.find_element(AppiumBy.IOS_PREDICATE, 'name CONTAINS "搜索栏"').click()
        # 在新打开的搜索页面的搜索框中输入"Web UI 自动化测试 ",单击"搜索"按钮
        # 注意新打开页面中的搜索框
        self.driver.find_element(AppiumBy.IOS_PREDICATE, 'type == "XCUIElementTypeSearchField"').send_keys(book_name)
        # 单击"搜索"按钮
        self.driver.find_element(AppiumBy.IOS_PREDICATE, 'type == "XCUIElementTypeButton" and name == "搜索"').click()
        # 单击"京东物流",筛选京东物流的图书
        self.driver.find_element(AppiumBy.IOS_PREDICATE,
        'label == "京东物流" AND name == "京东物流" AND value == "京东物流"').click()
        # 单击第一个"Python 实现 Web UI 自动化测试实战 ",进入图书详情页
        self.driver.find_element(AppiumBy.ACCESSIBILITY_ID, author).click()
        # 单击"加入购物车"按钮
        self.driver.find_element(AppiumBy.IOS_CLASS_CHAIN,
        '**/XCUIElementTypeStaticText[`label == "加入购物车"`]').click()
        # 单击"返回"按钮,返回商品搜索列表页面
        self.driver.find_element(AppiumBy.ACCESSIBILITY_ID, '返回').click()
        # 再次单击"返回"按钮,返回搜索页面
        self.driver.find_element(AppiumBy.ACCESSIBILITY_ID, '返回').click()
        # 单击"返回"按钮,返回首页
        self.driver.find_element(AppiumBy.ACCESSIBILITY_ID, '返回').click()
        # 单击"购物车", 第 4 个标签
        self.driver.find_element(AppiumBy.IOS_CLASS_CHAIN, '**/XCUIElementTypeButton[`label == "购物车"`]').click()
        # 单击"去结算"按钮,这里不能直接用 Inspector 提供的定位器,图书数量不同,文字不同
        self.driver.find_element(AppiumBy.IOS_PREDICATE, 'label CONTAINS "去结算"').click()
        # 断言:进入"确认订单"页面,该页面的"提交订单"按钮可单击,属性为 enabled
        ele = self.driver.find_element(AppiumBy.IOS_CLASS_CHAIN, '**/XCUIElementTypeStaticText[`label == "提交订单"`]')
        assert 'true' == ele.get_attribute('enabled')
```

```python
if __name__ == '__main__':
    pytest.main(["-s"])
```

代码说明如下。

该测试用例的级别为 L1。

Pytest 全局设置文件（pytest.ini）的具体代码如下。

```
[pytest]
addopts = -v --reruns 2  --reruns-delay 2 --alluredir=./result --clean-alluredir
markers = L1:level_1 testcases
          L2:level_2 testcases
testpaths = ./case
python_file = test_*.py
python_classes = Test*
python_functions = test_*
```

11.2.3　测试用例执行

进入 Chapter11 目录，执行 pytest 命令，结果如下。

```
% cd /Users/juandu/PycharmProjects/iOSTest_1/Chapter11
# 执行测试用例
% pytest
============== test session starts ===============
platform darwin -- Python 3.11.3, pytest-7.3.1, pluggy-1.0.0 -- /opt/homebrew/opt/python@3.11/bin/python3.11
cachedir: .pytest_cache
metadata: {'Python': '3.11.3', 'Platform': 'macOS-13.1-arm64-arm-64bit', 'Packages': {'pytest': '7.3.1', 'pluggy': '1.0.0'}, 'Plugins': {'allure-pytest': '2.13.1', 'html': '3.2.0', 'rerunfailures': '11.1.2', 'metadata': '2.0.4'}}
rootdir: /Users/juandu/PycharmProjects/iOSTest_1/Chapter11
configfile: pytest.ini
plugins: allure-pytest-2.13.1, html-3.2.0, rerunfailures-11.1.2, metadata-2.0.4
collected 4 items

test_1_1_home_search.py::TestHomeSearch::test_search PASSED [ 25%]
test_1_2_add_cart.py::TestAddCart::test_add_cart PASSED [ 50%]
test_1_3_collect.py::TestCollect::test_collect PASSED [ 75%]
test_4_1_pay.py::TestPay::test_pay PASSED      [100%]
...
=== 4 passed, 13 warnings in 231.45 s (0:03:51)===
```

4 条测试用例执行成功，累计用时 231.45 s。

接着，执行如下命令，生成 Allure 测试报告。

```
% allure generate ./result -o ./report --clean
Report successfully generated to ./report
```

Allure 测试报告的界面如图 11-7 所示。

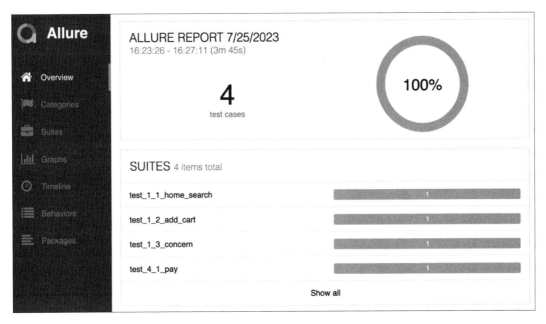

图 11-7　Allure 测试报告的界面

11.3　代码分析

在前面，我们只需要进入 Chapter11 目录，执行 pytest 命令，就能运行全部测试用例。整体效果看似不错，但测试用例的代码主要有如下缺点。

- 测试用例缺乏灵活性。每条测试用例中都包含 Capabilities 信息、URL（Uniform Resource Locator，统一资源定位符）和端口信息。假如我们想测试不同的终端，则需要调整所有代码的初始化信息，这显然是不现实的。
- 测试用例的代码存在大量冗余。例如，每条测试用例都包含终端初始化的代码、搜索图书并进入图书详情页的代码等。
- 测试用例的可扩展性较差。除必要的业务操作外，测试用例还掺杂了一些测试数据，假如我们想测试更多数据（如加购不同的图书情况下的数据），就要修改代码，测试用例的可扩展性较差。

- 测试用例的可维护性较低。测试用例包含元素定位器、元素操作和业务逻辑，因为相同的元素会在多条测试用例中使用，一旦该元素定位器发生改变，或者元素操作发生改变，我们就需要修改所有用到该元素定位器或元素操作的测试用例。

- 测试用例的执行速度较慢。虽然执行 4 条测试用例并没有花费太多时间，但是如果测试用例达到百条，甚至千条，则较低的执行效率非常可怕。一般来说，要求 200 条测试用例在 2 h 内执行完成，平均每条测试用例的执行时间为 36 s。

测试用例有缺点没关系，这正好为我们指明了改进的方向，本书后续章节将基于此逐步展开讲解。

第12章
项目代码优化

根据发现的问题,我们在本章中逐步优化项目代码。

12.1 提高测试用例的灵活性

在前面的测试脚本中，每个测试用例都会用到 Capabilities，而 Capabilities 中各个参数的值都是在代码中确定的，如 "appium:deviceName": "iPhone 12"。如果某一天，被测设备名称或者设备版本号发生改变，我们就需要手动修改所有测试用例的 Capabilities，这样的测试用例过于死板。那如何解决这个问题呢？

应该从代码中把这种公共的、可能发生变更的部分分离出来（通过配置与代码分离，提高测试用例的灵活性）。例如，我们应该将 Capabilities 中各个参数的值抽离出来，保存到一个文件中。在每一条测试用例需要用到 Capabilities 时，从文件中读取即可。这不仅能够减少代码冗余，提高测试用例编写效率，还能够解决 Capabilities 中各个参数的值变更的问题。这种模块化的思想在程序设计中非常重要。

在 Appium 中，Capabilities 数据可以保存成多种格式，如 JSON、Excel、CSV、YAML 等。推荐使用 YAML 来管理配置数据。

12.1.1 YAML

YAML（YAML Ain't a Markup Language，另一种标记语言）是一种非标记语言。

YAML 是一种可读性高且用来实现数据序列化的格式。YAML 的语法和其他高级语言（如 Java、C 语言）的语法类似，并且可以轻松表示清单、哈希表、标量等形态的数据。它使用空白符号缩进和大量依赖外观的特性，特别适合用来表示或编辑数据结构、配置文件、输出调试内容、文件大纲（例如，许多电子邮件标题的格式和 YAML 格式非常接近）。它不仅适合用来表达层次结构式的数据结构，还可以用来表示关系性的数据。由于 YAML 使用空白字符和分行来分隔数据，因此它特别适合使用 grep 命令以及 Python、Perl、Ruby 语言操作。使用 YAML 可以轻松避开各种封闭符号，如引号、各种括号等（这些符号在嵌套结构时会很复杂）。

使用 YAML 来写配置文件远比 JSON 格式方便。例如，对于同一段数据，JSON 格式的描述如下。

```
{ name: 'Tom Smith',age: 37,spouse: { name: 'Jane Smith', age: 35 },children: [ { name:
'Jimmy Smith', age: 15 },{ name: 'Jenny Smith', age: 12 } ] }
```

而 YAML 格式的描述如下。

```
name: Tom Smith
age: 37
spouse:
    name: Jane Smith
    age: 35
children:
 - name: Jimmy Smith
   age: 15
 - name: Jenny Smith
   age: 12
```

YAML 的语法特点如下。

- 区分大小写。

- 使用缩进表示层级关系。

- 在缩进时，不允许使用 Tab 键，只允许使用空格。

- 缩进的空格数目不重要，只要相同层级的元素左对齐即可。

可以直接使用 pip 来安装 PyYAML（Python 的 YAML 包），效果如下。

```
%pip3 install PyYAML
Collecting PyYAML
Using cached PyYAML-6.0.1-cp311-cp311-macosx_11_0_arm64.whl (167 kB)
...
Installing collected packages: PyYAML
Successfully installed PyYAML-6.0.1
WARNING: You are using pip version 21.2.4; however, version 22.1.2 is available.
You should consider upgrading via the 'c:\users\storm\appdata\local\programs\
python\python39\python.exe -m pip install --upgrade pip' command.
```

安装完成后，可以尝试在 Python 中导入 YAML，以检测是否安装成功。

```
>>> import yaml
>>>
```

若无报错，则代表安装成功。

YAML 支持的数据类型包括标量（scalar）、数组、对象。

标量表示单个不可再分的值，类似于 Python 中的单个变量。示例如下。

```
Storm
```

数组表示一组按次序排列的值，又称序列（sequence）、列表，与 Python 的列表（list）结构类似。数组元素使用"-"开头，可以根据缩进进行嵌套。示例如下。

```
- Jack
- Harry
- Sunny
```

数组也可以写成一行。

```
[Jack,Harry,Sunny]
```

使用 Python 列表的对应写法如下。

```
['Jack','Harry','Sunny']
```

对象表示键值对的集合，又称映射（mapping）、哈希（hash）、字典（dictionary），对象的一个键值对使用冒号结构表示，类似于 Python 中的字典数据结构。示例如下。

```
"appium:platformName": "iOS"
"appium:platformVersion": "16.3.1"
"appium:deviceName": "iPhone 12"
```

注意，冒号后面要有空格。对应的 Python 字典的写法如下。

```
{'appium:platformName': 'iOS', 'appium:platformVersion': '16.3.1', 'appium:deviceName': 'iPhone 12'}
```

数据类型可根据实际场景进行组合嵌套。假设 Tom Smith 37 岁，他的妻子叫 Jane Smith，35 岁；他有两个孩子，一个叫 Jimmy Smith（15 岁），另一个叫 Jenny Smith（12 岁）。若用 YAML 语法表示这些信息，写法如下。

```
name: Tom Smith
age: 37
spouse:
    name: Jane Smith
    age: 35
children:
 - name: Jimmy Smith
   age: 15
 - name: Jenny Smith
   age: 12
```

转化为 Python 的写法如下。

```
{'name':'Tom Smith','age':37,'spouse':{'name':'Jane Smith','age':35},'children':
[{'name':'Jimmy Smith','age':15},{'name':'Jenny Smith','age':12}]}
```

12.1.2　YAML 文件操作

在本节中，我们通过代码演示一下 Python 如何处理各种类型的 YAML 文件。

这里，我们先准备 my_yaml_1.yml 文件，文件的内容如下。

```
"appium:platformName": "iOS"
"appium:platformVersion": "16.3.1"
"appium:deviceName": "iPhone 12"
"appium:udid": "00008101-000B64AE3C98001E"
```

```
"appium:bundleId": "com.360buy.jdmobile"
```

说明如下。

- YAML 文件的扩展名是 .yaml 或 .yml。
- YAML 文件中冒号前面没有空格，冒号后面有一个空格。

然后，编写测试脚本（mytest1.py），来读取该文件。

```
import yaml

with open('my_yaml_1.yml', 'r', encoding='utf8') as f:
    data = yaml.load(f, Loader=yaml.FullLoader)
    print(data)
    print(data['appium:platformName'])
    print(data['appium:platformVersion'])
    print(data['appium:deviceName'])
    print(data['appium:udid'])
    print(data['appium:bundleId'])
```

这里通过 yaml.load() 处理 YAML 文件的内容。要加上"Loader=yaml.FullLoader"。YAML 5.1 后的版本弃用了 yaml.load(file)，出于安全考虑，需要指定 Loader，通过默认加载器（FullLoader）禁止执行任意函数。这里的内容了解即可。

运行结果如下。

```
{'appium:platformName': 'iOS', 'appium:platformVersion': '16.3.1', 'appium:
deviceName': 'iPhone 12', 'appium:udid': '00008101-000B64AE3C98001E', 'appium:
bundleId': 'com.360buy.jdmobile'}
iOS
16.3.1
iPhone 12
00008101-000B64AE3C98001E
com.360buy.jdmobile
```

同样，先准备 my_yaml_2.yml 文件，文件的内容如下。

```
- storm
- sk
- shadow
- queen
```

注意，- 后面有一个空格。

然后，通过测试脚本（mytest2.py）处理该 YAML 文件。

```
import yaml

with open('my_yaml_2.yml', 'r', encoding='utf8') as f:
    data = yaml.load(f, Loader=yaml.FullLoader)
    print(data)
```

运行结果如下。

```
['storm', 'sk', 'shadow', 'queen']
```

同样，先准备 my_yaml_3.yml 文件，文件内容如下。

```
jd:
  "appium:platformName": "iOS"
  "appium:platformVersion": "16.3.1"
  "appium:deviceName": "iPhone 12"
  "appium:udid": "00008101-000B64AE3C98001E"
  "appium:bundleId": "com.360buy.jdmobile"
```

然后，通过测试脚本（test3.py）读取该 YAML 文件。

```
import yaml

with open('my_yaml_3.yml', 'r', encoding='utf8') as f:
    data = yaml.load(f, Loader=yaml.FullLoader)
    print(data)
    print(data['jd']['appium:platformName'])
    print(data['jd']['appium:platformVersion'])
    print(data['jd']['appium:deviceName'])
    print(data['jd']['appium:udid'])
    print(data['jd']['appium:bundleId'])
```

运行结果如下。

```
{'jd': {'appium:platformName': 'iOS', 'appium:platformVersion': '16.3.1', 'appium:deviceName': 'iPhone 12', 'appium:udid': '00008101-000B64AE3C98001E', 'appium:bundleId': 'com.360buy.jdmobile'}}
iOS
16.3.1
iPhone 12
00008101-000B64AE3C98001E
com.360buy.jdmobile
```

在 iOS Appium 自动化测试中，笔者习惯将系统用到的配置信息以 YAML 复合结构保存到一个特定文件中。因此，我们封装一个函数来读取该格式的 YAML 文件信息，文件名为 parse_yaml.py，具体代码如下。

```
import yaml

'''
parse_yaml() 函数有 3 个参数：
1.file，文件名；
2.section，段落名；
3.key，键名，如果不传递 key，则返回整个字典；如果传递 key，则返回单个 key 值
'''
def parse_yaml(file, section, key=None):
    with open(file, 'r', encoding='utf8') as f:
```

```
            data = yaml.load(f, Loader=yaml.FullLoader)
            if key==None:
                return data[section]
            else:
                return data[section][key]
if __name__ == '__main__':
    value = parse_yaml('my_yaml_3.yml', 'jd', 'appium:platformName')
    all_value = parse_yaml('my_yaml_3.yml', 'jd')
    print(value)
    print(all_value)
```

在__main__()函数中，演示了 parse_yaml()的用法。后续我们将借助该函数优化本章中编写的测试用例。

12.1.3 配置数据和代码的分离

在本节中，我们的目标是结合前面所学的知识，将测试用例中的 Desired Capabilities 信息抽离出来，存放在一个 YAML 配置文件中；在测试用例中，通过读取 Capability 配置文件，初始化 App 信息，从而实现配置数据和代码分离的效果。

准备工作如下。

（1）新建名为 Chapter_12_1 的 Python 包。

（2）在 Chapter_12_1 目录下新建 desired_caps.yaml 文件。

（3）将前面的 parse_yaml.py 复制到该目录。

（4）将前面的 4 条测试用例及 pytest.ini 文件复制到该目录。

desired_caps.yaml 文件不仅存放 Desired Capabilities 信息，还存放 Remote URL 信息，文件内容如下。

```
jd_caps:
    "appium:platformName": "iOS"
    "appium:platformVersion": "16.3.1"
    "appium:deviceName": "iPhone 12"
    "appium:udid": "00008101-000B64AE3C98001E"
    "appium:bundleId": "com.360buy.jdmobile"

jd_remote:
    "remote": "http://127.0.0.1:4723/wd/hub"
```

修改测试用例一（test_1_1_home_search.py）的代码，如下所示。

```
from appium import webdriver
from appium.webdriver.common.appiumby import AppiumBy
```

```python
from time import sleep
import pytest
from Chapter12.Chapter_12_1.parse_yaml import parse_yaml

data = [['Python实现Web UI自动化测试实战', 'Storm,李鲲程,边宇明', 'Storm'], ]

@pytest.mark.parametrize(("book_name", "author", "target"), data)
class TestHomeSearch(object):
    """
    测试首页的搜索功能
    """
    def setup(self):
        # 初始化driver
        caps = parse_yaml('desired_caps.yaml', 'jd_caps')
        remote = parse_yaml('desired_caps.yaml', 'jd_remote', 'remote')
        self.driver = webdriver.Remote(remote, caps)
        self.driver.implicitly_wait(10)

    def teardown(self):
        # 休眠1s，然后退出driver
        sleep(1)
        self.driver.quit()

    @pytest.mark.L1
    def test_search(self, book_name, author, target):
        # 单击首页中的搜索框
        self.driver.find_element(AppiumBy.IOS_PREDICATE, 'name CONTAINS "搜索栏"').click()
        # 在新打开的搜索页面的搜索框中输入"Web UI自动化测试"，单击"搜索"按钮
        # 注意新打开页面中的搜索框
        self.driver.find_element(AppiumBy.IOS_PREDICATE, 'type == "XCUIElementTypeSearchField"').send_keys(book_name)
        # 单击"搜索"按钮
        self.driver.find_element(AppiumBy.IOS_PREDICATE, 'type == "XCUIElementTypeButton" and name == "搜索"').click()
        # 单击"京东物流"，筛选京东物流的图书
        self.driver.find_element(AppiumBy.IOS_PREDICATE, 'label == "京东物流" AND name == "京东物流"').click()
        # 单击第一个"Python实现Web UI自动化测试实战"，进入图书详情页
        self.driver.find_element(AppiumBy.ACCESSIBILITY_ID, author).click()
        # 找到作者元素
        ele = self.driver.find_element(AppiumBy.IOS_PREDICATE, 'label == "{}"'.format(author))
        # 将作者信息保存到ele_txt中
        ele_txt = ele.text
        print('作者信息：{}'.format(ele_txt))
        # 断言'Storm'是作者之一
        assert target in ele_txt
```

```python
if __name__ == '__main__':
    pytest.main(["-s"])
```

修改测试用例二(test_1_2_add_cart.py)的代码,如下所示。

```python
from appium import webdriver
from appium.webdriver.common.appiumby import AppiumBy
from time import sleep
import pytest
from Chapter12.Chapter_12_1.parse_yaml import parse_yaml

data = [['Python 实现 Web UI 自动化测试实战 ', 'Storm,李鲲程,边宇明 ', 'Storm'], ]


@pytest.mark.parametrize(("book_name", "author", "target"), data)
class TestAddCart(object):
    """
    测试加入购物车功能,加购商品后,购物车有该商品
    """
    def setup(self):
        caps = parse_yaml('desired_caps.yaml', 'jd_caps')
        remote = parse_yaml('desired_caps.yaml', 'jd_remote', 'remote')
        self.driver = webdriver.Remote(remote, caps)
        self.driver.implicitly_wait(10)

    def teardown(self):
        # 休眠 1 s
        sleep(1)
        self.driver.quit()

    @pytest.mark.L1
    def test_add_cart(self, book_name, author, target):
        # 单击首页中的搜索框
        self.driver.find_element(AppiumBy.IOS_PREDICATE, 'name CONTAINS "搜索栏"').click()
        # 在新打开的搜索页面的搜索框中输入 "Web UI 自动化测试 ",单击 " 搜索 " 按钮
        # 注意新打开页面中的搜索框
        self.driver.find_element(AppiumBy.IOS_PREDICATE, 'type == "XCUIElementTypeSearchField"').send_keys(book_name)
        # 单击 " 搜索 " 按钮
        self.driver.find_element(AppiumBy.IOS_PREDICATE, 'type == "XCUIElementTypeButton" and name == " 搜索 "').click()
        # 单击 " 京东物流 ",筛选京东物流的图书
        self.driver.find_element(AppiumBy.IOS_PREDICATE,
            'label == " 京东物流 " AND name == " 京东物流 " AND value == " 京东物流 "').click()
        # 单击第一个 "Python 实现 Web UI 自动化测试实战 ",进入图书详情页
        self.driver.find_element(AppiumBy.ACCESSIBILITY_ID, author).click()
        # 单击 " 加入购物车 " 按钮
        self.driver.find_element(AppiumBy.IOS_CLASS_CHAIN,
```

```python
                '**/XCUIElementTypeStaticText[`label == "加入购物车"`]').click()
            # 单击"返回"按钮,返回商品搜索列表页面
            self.driver.find_element(AppiumBy.ACCESSIBILITY_ID, '返回').click()
            # 再次单击"返回"按钮,返回搜索页面
            self.driver.find_element(AppiumBy.ACCESSIBILITY_ID, '返回').click()
            # 单击"返回"按钮,返回首页
            self.driver.find_element(AppiumBy.ACCESSIBILITY_ID, '返回').click()
            # 单击"购物车"
            self.driver.find_element(AppiumBy.IOS_CLASS_CHAIN, '**/
            XCUIElementTypeButton[`label == "购物车"`]').click()
            # 将第一本书的书名存储到变量book_name1中
            book_name1 = self.driver.find_element(AppiumBy.IOS_PREDICATE,
                    'label CONTAINS "{}"'.format(book_name)).get_attribute('name')
            print('the book name is {}'.format(book_name1))
            assert book_name in book_name1

if __name__ == '__main__':
    pytest.main(["-s"])
```

修改测试用例三(test_1_3_collect.py)的代码,如下所示。

```python
from appium import webdriver
from appium.webdriver.common.appiumby import AppiumBy
from time import sleep
import pytest
from Chapter12.Chapter_12_1.parse_yaml import parse_yaml

data = [['Python 实现 Web UI 自动化测试实战 ', 'Storm,李鲲程,边宇明 ', 'Storm'], ]

@pytest.mark.parametrize(("book_name", "author", "target"), data)
class TestCollect(object):
    """
    测试收藏功能
    """
    def setup(self):
        caps = parse_yaml('desired_caps.yaml', 'jd_caps')
        remote = parse_yaml('desired_caps.yaml', 'jd_remote', 'remote')
        self.driver = webdriver.Remote(remote, caps)
        self.driver.implicitly_wait(10)

    def teardown(self):
        self.driver.quit()

    @pytest.mark.L2
    def test_collect(self,book_name,author,target):
        # 单击首页的搜索框
        self.driver.find_element(AppiumBy.IOS_PREDICATE, 'name CONTAINS "搜索栏"').
        click()
        # 在新打开的搜索页面的搜索框中输入"Web UI 自动化测试",单击"搜索"按钮
```

```python
        # 注意新打开页面中的搜索框
        self.driver.find_element(AppiumBy.IOS_PREDICATE, 'type == '
        '"XCUIElementTypeSearchField"').send_keys(book_name)
        # 单击 " 搜索 " 按钮
        self.driver.find_element(AppiumBy.IOS_PREDICATE, 'type == '
        '"XCUIElementTypeButton" and name == " 搜索 "').click()
        # 单击 " 京东物流 ", 筛选京东物流的图书
        self.driver.find_element(AppiumBy.IOS_PREDICATE,
        'label == " 京东物流 " AND name == " 京东物流 " AND value == " 京东物流 "').click()
        # 单击第一本 "Python 实现 Web UI 自动化测试实战 ", 进入图书详情页
        self.driver.find_element(AppiumBy.ACCESSIBILITY_ID, author).click()
        # 单击 " 加入收藏 " 按钮
        self.driver.find_element(AppiumBy.IOS_CLASS_CHAIN, '**/'
        'XCUIElementTypeButton[`label == " 收藏 "`][2]').click()
        # 单击 " 返回 " 按钮, 返回商品搜索列表页面
        self.driver.find_element(AppiumBy.ACCESSIBILITY_ID, ' 返回 ').click()
        # 再次单击 " 返回 " 按钮, 返回搜索页面
        self.driver.find_element(AppiumBy.ACCESSIBILITY_ID, ' 返回 ').click()
        # 单击 " 返回 " 按钮, 返回首页
        self.driver.find_element(AppiumBy.ACCESSIBILITY_ID, ' 返回 ').click()
        # 单击 " 我的 "
        self.driver.find_element(AppiumBy.IOS_CLASS_CHAIN, '**/'
        'XCUIElementTypeButton[`label == " 我的 "`]').click()
        # 单击 " 商品收藏 ", 进入收藏详情列表
        self.driver.find_element(AppiumBy.IOS_PREDICATE, 'label == " 商品收藏 "').click()
        # 将包含 "Web UI 自动化测试 " 的图书名放入变量 book_name1 中
        book_name1 = self.driver.find_element(AppiumBy.IOS_PREDICATE,
                    'label CONTAINS "{}"'.format(book_name)).get_attribute('name')
        print('the book name is {}'.format(book_name1))
        # 断言: 加入收藏的图书在图书列表可见
        assert book_name in book_name1
        # 将收藏的图书取消收藏
        # self.driver.execute_script('mobile: swipe', {'direction': 'right'})
        book_ele = self.driver.find_element(AppiumBy.IOS_PREDICATE,
        'label CONTAINS "{}"'.format(book_name))
        self.driver.execute_script('mobile: swipe', {'direction': 'left', 'element':
        book_ele, "duration": 1})
        # 单击 " 取消收藏 "
        self.driver.find_element(AppiumBy.IOS_CLASS_CHAIN,
        '**/XCUIElementTypeButton[`label == " 取消收藏 "`][1]').click()

if __name__ == '__main__':
    pytest.main(["-s"])
```

修改测试用例四（test_4_1_pay.py）的代码，如下所示。

```
from appium import webdriver
from appium.webdriver.common.appiumby import AppiumBy
from time import sleep
```

```python
import pytest
from Chapter12.Chapter_12_1.parse_yaml import parse_yaml

data = [['Python 实现 Web UI 自动化测试实战 ', 'Storm,李鲲程,边宇明 ', 'Storm'], ]

@pytest.mark.parametrize(("book_name", "author", "target"), data)
class TestPay(object):
    """
    测试结算商品功能，判断 " 提交订单 " 按钮是否可单击
    """
    def setup(self):
        caps = parse_yaml('desired_caps.yaml', 'jd_caps')
        remote = parse_yaml('desired_caps.yaml', 'jd_remote', 'remote')
        self.driver = webdriver.Remote(remote, caps)
        self.driver.implicitly_wait(10)

    def teardown(self):
        # 休眠 1 s
        sleep(1)
        self.driver.quit()

    @pytest.mark.L1
    def test_pay(self, book_name, author, target):
        # 单击首页搜索框
        self.driver.find_element(AppiumBy.IOS_PREDICATE, 'name CONTAINS " 搜索栏 "').click()
        # 在新打开的搜索页面的搜索框中输入 "Web UI 自动化测试 "，单击 " 搜索 " 按钮
        # 注意新打开页面中的搜索框
        self.driver.find_element(AppiumBy.IOS_PREDICATE, 'type == "XCUIElementTypeSearchField"').send_keys(book_name)
        # 单击 " 搜索 " 按钮
        self.driver.find_element(AppiumBy.IOS_PREDICATE, 'type == "XCUIElementTypeButton" and name == " 搜索 "').click()
        # 单击 " 京东物流 "，筛选京东物流的图书
        self.driver.find_element(AppiumBy.IOS_PREDICATE,
        'label == " 京东物流 " AND name == " 京东物流 " AND value == " 京东物流 "').click()
        # 单击第一个 "Python 实现 Web UI 自动化测试实战 "，进入图书详情页
        self.driver.find_element(AppiumBy.ACCESSIBILITY_ID, author).click()
        # 单击 " 加入购物车 " 按钮
        self.driver.find_element(AppiumBy.IOS_CLASS_CHAIN,
        '**/XCUIElementTypeStaticText[`label == " 加入购物车 "`]').click()
        # 单击 " 返回 " 按钮，返回商品搜索列表页面
        self.driver.find_element(AppiumBy.ACCESSIBILITY_ID, ' 返回 ').click()
        # 再次单击 " 返回 " 按钮，返回搜索页面
        self.driver.find_element(AppiumBy.ACCESSIBILITY_ID, ' 返回 ').click()
        # 单击 " 返回 " 按钮，返回首页
        self.driver.find_element(AppiumBy.ACCESSIBILITY_ID, ' 返回 ').click()
        # 单击 " 购物车 "，第 4 个标签
        self.driver.find_element(AppiumBy.IOS_CLASS_CHAIN, '**/
```

```
            XCUIElementTypeButton[`label == "购物车"`]').click()
            # 单击"去结算"按钮,这里不能直接用 Inspector 提供的定位器,图书数量不同,文字不同
            self.driver.find_element(AppiumBy.IOS_PREDICATE, 'label CONTAINS "去结算"').
            click()
            # 断言:进入"确认订单"页面,该页面的"提交订单"按钮可单击,属性为 enabled
            ele = self.driver.find_element(AppiumBy.IOS_CLASS_CHAIN, '**/XCUIElementT
            ypeStaticText[`label == "提交订单"`]')
            assert 'true' == ele.get_attribute('enabled')

    if __name__ == '__main__':
        pytest.main(["-s"])
```

注意,如果遇到类似如下的报错信息,就说明 YAML 文件中的数据类型写法错误,一般冒号后面没有空格,如 "appium:platformName":"iOS"。

```
yaml.scanner.ScannerError: mapping values are not allowed here
```

经过上述调整后,4 条测试用例的代码缩减了约 20 行。更重要的是,当被测环境发生变更的时候,我们只需要修改 desired_caps.yaml 文件即可。

12.2 减少代码冗余

本节讲解如何减少代码冗余。

12.2.1 conftest.py

conftest.py 文件是 fixture( ) 函数的一个集合,用于存放共用的代码,供其他模块调用。不同于普通被调用的模块,conftest.py 在使用时不需要导入,Pytest 会自动查找它。

如果我们有很多个前置函数,写在各个 .py 文件中是不是很散乱?或者,若很多个 .py 文件要使用同一个前置函数,该怎么办? conftest.py 的作用如下。

- 提供每个接口共用的 token。
- 提供每个接口共用的测试用例数据。
- 提供每个接口共用的配置信息。

conftest.py 文件的特点如下。

- 可以跨 .py 文件调用,当多个 .py 文件调用 conftest.py 时,可让 conftest.py 只调用一次 fixture( ),或调用多次 fixture( )。

- conftest.py 与运行的测试用例要在同一个包下，并且该包要有 __init__.py 文件。
- 不需要使用 import 导入 conftest.py，Pytest 测试用例会自动识别该文件。将该文件放到项目的根目录下就可以全局调用了，如果放到某个包下，就在该包内有效。可有多个 conftest.py。
- conftest.py 配置的测试脚本的名称是固定的，不能更改。
- conftest.py 文件不能被其他文件导入。
- 同一目录的所有测试文件运行前都会执行 conftest.py 文件。

在 Pytest 的 fixture() 中，scope 参数可以用来控制 fixture() 的作用域：session 的作用域大于 module 的作用域，module 的作用域大于 class 的作用域，class 的作用域大于 function 的作用域。

scope 参数的值如下。

- -function：每一个函数或方法都会调用 fixture()，函数的默认模式为 @pytest.fixture(scope='function') 或 @pytest.fixture()。
- -class：每一个类调用一次 fixture()，一个类中可以有多个方法。
- -module：每一个 .py 文件调用一次 fixture()，一个模块中有多个函数和多个类。
- -session：多个文件调用一次 fixture()，可以跨 .py 文件调用。

当 conftest.py 与 fixture() 组合使用时，可以达到以下效果。

- 若 scope = "session"，这个 fixture() 在整个测试会话中只执行一次。测试会话是指一次完整的测试运行过程，从开始执行测试到所有测试结束。
- 若 scope = "module"，这个 fixture() 在每个测试模块（.py 文件）中只执行一次。
- 若 scope = "class"，这个 fixture() 在每个测试类中只执行一次。
- 若 scope = "function"，表示 fixture() 的默认作用域，这个 fixture() 在每个测试函数（或方法）执行时都会执行一次。
- 若 conftest.py 中 fixture.py 的 scope 参数为 function.py，所有文件的测试用例执行前都会执行一次 conftest.py 文件中的 fixture()。

我们在 Chapter12 下面创建名为 Chapter_12_2 的包，然后在其中创建如下文件。

文件一（test_1.py）的具体代码如下。

```python
import pytest


class TestOne(object):
    def test_1_1(self, sutd):
        print('test1_1')

    def test_1_2(self, sutd):
```

```
        print('test1_2')

    def test_1_3(self, sutd):
        print('test1_3')

if __name__ == '__main__':
    pytest.main()
```

文件二（test_2.py）的具体代码如下。

```
import pytest

class TestTwo(object):
    def test_2_1(self, sutd):
        print("test2_1")

    def test_2_2(self, sutd):
        print("test2_2")

    def test_2_3(self, sutd):
        print("test2_3")

if __name__ == '__main__':
    pytest.main()
```

文件三（pytest.ini）的具体代码如下。

```
[pytest]
addopts = -v --reruns 2  --reruns-delay 2 --alluredir=./result --clean-alluredir
markers = L1:level_1 testcases
          L2:level_2 testcases
testpaths = ./case
python_file = test_*.py
python_classes = Test*
python_functions = test_*
```

文件四（conftest.py）的具体代码如下。

```
import pytest

@pytest.fixture(scope="session")
def sutd():
    print("在开始执行setup")
    yield
    print("在结束执行teardown")
```

当conftest.py文件中的scope="session"时，通过Terminal进入Chapter_12_2包，运行pytest -s，结果如下。

```
collected 6 items

test_1.py::TestOne::test_1_1 在开始执行 setup
test1_1
PASSED
test_1.py::TestOne::test_1_2 test1_2
PASSED
test_1.py::TestOne::test_1_3 test1_3
PASSED
test_2.py::TestTwo::test_2_1 test2_1
PASSED
test_2.py::TestTwo::test_2_2 test2_2
PASSED
test_2.py::TestTwo::test_2_3 test2_3
在结束执行 teardown
PASSED
```

当 conftest.py 文件中的 scope="module" 时,运行结果如下。

```
collected 6 items

test_1.py::TestOne::test_1_1 在开始执行 setup
test1_1
PASSED
test_1.py::TestOne::test_1_2 test1_2
PASSED
test_1.py::TestOne::test_1_3 test1_3
在结束执行 teardown
PASSED
test_2.py::TestTwo::test_2_1 在开始执行 setup
test2_1
PASSED
test_2.py::TestTwo::test_2_2 test2_2
PASSED
test_2.py::TestTwo::test_2_3 test2_3
在结束执行 teardown
PASSED
```

当 conftest.py 文件中的 scope="class" 时,运行结果如下。

```
collected 6 items

test_1.py::TestOne::test_1_1 在开始执行 setup
test1_1
PASSED
test_1.py::TestOne::test_1_2 test1_2
PASSED
test_1.py::TestOne::test_1_3 test1_3
在结束执行 teardown
PASSED
```

```
test_2.py::TestTwo::test_2_1 在开始执行 setup
test2_1
PASSED
test_2.py::TestTwo::test_2_2 test2_2
PASSED
test_2.py::TestTwo::test_2_3 test2_3
在结束执行 teardown
PASSED
```

当 conftest.py 文件中的 scope="function" 时，运行结果如下。

```
collected 6 items

test_1.py::TestOne::test_1_1 在开始执行 setup
test1_1
在结束执行 teardown
PASSED
test_1.py::TestOne::test_1_2 在开始执行 setup
test1_2
在结束执行 teardown
PASSED
test_1.py::TestOne::test_1_3 在开始执行 setup
test1_3
在结束执行 teardown
PASSED
test_2.py::TestTwo::test_2_1 在开始执行 setup
test2_1
在结束执行 teardown
PASSED
test_2.py::TestTwo::test_2_2 在开始执行 setup
test2_2
在结束执行 teardown
PASSED
test_2.py::TestTwo::test_2_3 在开始执行 setup
test2_3
在结束执行 teardown
PASSED
```

借助 conftest.py 的特性，我们就可以灵活实现 setup、teardown 的效果。

12.2.2 前置、后置代码的分离

准备工作如下。

（1）新建一个名为 Chapter_12_3 的包。

（2）将 Chapter_12_1 中的 desired_caps.yaml 复制到 Chapter_12_3 包中。

(3) 将 Chapter_12_1 中的 parse_yaml.py 复制到 Chapter_12_3 包中。

(4) 在 Chapter_12_3 包下新建一个 conftest.py 文件。

(5) 将 12.1 节中的 4 条测试用例的文件复制到 Chapter_12_3 包中。

这里，我们借助 conftest.py 文件，定义 storm() 函数，用来执行 driver 的初始化。参考代码如下。

```python
from appium import webdriver
from time import sleep
import pytest
from Chapter12.Chapter_12_3.parse_yaml import parse_yaml

# 全局设置 driver 方法
driver = None

# scope="function"
@pytest.fixture(scope="function")
def storm():
    global driver
    caps = parse_yaml('desired_caps.yaml', 'jd_caps')
    remote = parse_yaml('desired_caps.yaml', 'jd_remote', 'remote')
    driver = webdriver.Remote(remote, caps)
    driver.implicitly_wait(10)
    yield driver
    # 休眠 1 s，然后退出 driver
    sleep(1)
    driver.quit()
```

这里设置 scope="function"，即每个方法执行一次 setup 和 teardown。定义全局变量 driver，方便变量传递。通过 yield 关键字，实现 driver 返回及 teardown 效果。

借助 conftest.py 文件，调整测试用例 test_1_1_home_search.py。

```python
from appium import webdriver
from appium.webdriver.common.appiumby import AppiumBy
from time import sleep
import pytest
from Chapter12.Chapter_12_1.parse_yaml import parse_yaml

data = [['Python 实现 Web UI 自动化测试实战 ', 'Storm,李鲲程,边宇明 ', 'Storm'], ]

@pytest.mark.parametrize(("book_name", "author", "target"), data)
class TestHomeSearch(object):
    """
    测试首页的搜索功能
    """
    @pytest.mark.L1
    def test_search(self, book_name, author, target, storm):
```

```python
        # 单击首页中的搜索框
        storm.find_element(AppiumBy.IOS_PREDICATE, 'name CONTAINS "搜索栏"').click()
        # 在新打开的搜索页面的搜索框中输入 "Web UI 自动化测试 "，单击 " 搜索 " 按钮
        # 注意新打开页面中的搜索框
        storm.find_element(AppiumBy.IOS_PREDICATE, 'type == "XCUIElementTypeSearchField"').send_keys(
            book_name)
        # 单击 " 搜索 " 按钮
        storm.find_element(AppiumBy.IOS_PREDICATE, 'type == "XCUIElementTypeButton" and name == "搜索"').click()
        # 单击 " 京东物流 "，筛选京东物流的图书
        storm.find_element(AppiumBy.IOS_PREDICATE, 'label == "京东物流" AND name == "京东物流"').click()
        # 单击第一个 "Python 实现 Web UI 自动化测试实战 "，进入图书详情页
        storm.find_element(AppiumBy.ACCESSIBILITY_ID, author).click()
        # 找到作者元素
        ele = storm.find_element(AppiumBy.IOS_PREDICATE, 'label == "{}"'.format(author))
        # 将作者信息保存到 ele_txt 中
        ele_txt = ele.text
        print('作者信息：{}'.format(ele_txt))
        # 断言 'Storm' 是作者之一
        assert target in ele_txt


if __name__ == '__main__':
    pytest.main(["-s"])
```

测试用例不再包含 setup() 和 teardown()，测试用例的代码进一步简化。

其他 3 条测试用例的改进方式类似，这里不赘述。

12.3 提高测试用例的可扩展性

在 test_1_1_home_search.py 中，只测试了搜索《Python 实现 Web UI 自动化测试实战》，假如我们想测试搜索其他图书，如《夏洛的网》，测试脚本应该如何调整呢？我们只需要在 test_1_1_home_search.py 的 data 变量中添加一条数据即可，效果如下。

```
data = [['Python 实现 Web UI 自动化测试实战','Storm,李鲲程,边宇明','Storm'],['夏洛的网','[美]E.B. 怀特','怀特']]
```

上述代码在基本没有增加代码行数的情况下，就测试了多种数据（实际测试中常用到该方

式）。但是如果你想将"夏洛的网"提供给其他测试用例，就需要在每个测试用例中修改 data 变量的值，这显然不太现实。

我们沿着前面的思路，将测试用例中的测试数据分离出来，从而进一步简化测试用例的代码，提高测试用例的可扩展性。

在自动化测试过程中，笔者习惯将相对复杂的测试数据放置到"表格"中，如 Excel 或 CSV（Comma-Separated Values，逗号分隔值，有时也称为字符分隔值，因为 CSV 文件中的分隔字符也可以不是逗号）文件中。Python 中有丰富的第三方库，它们可以处理 Excel 文件。需要注意的是，Excel 文件的扩展名为".xls"和".xlsx"，两种扩展名对应的文件需要用不同的库来处理。这里以更简洁、更轻量的 CSV 格式为例，演示测试数据分离的效果。

12.3.1　CSV 文件

CSV 文件以纯文本形式存储表格数据（数字和文本）。纯文本意味着该文件是一个字符序列，不含像二进制数字那样必须被解读的数据。CSV 文件由任意数目的记录组成，记录间以某种换行符分隔；每条记录由字段组成，字段间的分隔符是其他字符或字符串，最常见的是逗号或制表符。通常，所有记录都有完全相同的字段序列。CSV 文件通常是纯文本文件，建议使用 WordPad 或记事本来打开，或者先另存为新文档后用 Excel 打开。

在日常工作中，大家经常用 Excel 或 WPS 来打开扩展名为".csv"的文件。实际上，你完全可以使用写字板或 PyCharm 来打开它，打开后会发现它是一种用逗号分隔的数据文件，如图 12-1 所示。

```
BookName,Author,target
"Python实现Web UI自动化测试实战","Storm,李鲲程,边宇明","Storm"
"夏洛的网","[美]E.B.怀特","怀特"
```

图 12-1　CSV 文件

> **注意** ▶ CSV 文件中第 1 行为标题，从第 2 行开始为测试数据。测试数据放置到英文双引号内。

12.3.2　CSV 文件操作

首先，复制 Chapter_12_3 包并将其重命名为 Chapter_12_4。然后，在 Chapter_12_4 包下，

新建 test_1_1_home_search.csv 文件（数据文件名和测试用例名保持一致，方便后续查找）。文件内容如下。

```
BookName,Author,target
"Python 实现 Web UI 自动化测试实战","Storm,李鲲程,边宇明","Storm"
"夏洛的网","[美]E.B.怀特","怀特"
```

如何借助代码来读取 CSV 文件呢？

首先，导入 csv 模块。

然后，借助 csv.reader() 来处理数据。

```
import csv

with open('test_1_1_home_search.csv', 'r', encoding='utf8') as f:
    data = csv.reader(f)
    print(data)
    for i in data:
        print(i)
```

运行结果如下。

```
<_csv.reader object at 0x104dbc580>
['BookName', 'Author', 'target']
['Python 实现 Web UI 自动化测试实战', 'Storm,李鲲程,边宇明', 'Storm']
['夏洛的网', '[美]E.B.怀特', '怀特']
```

在自动化测试中，数据驱动测试（Data Driven Testing，DDT）参数化的数据是"列表嵌套列表"的形式，因此我们要构造一个公共函数，该函数用于读取 CSV 文件，每一行返回一个列表，行与行之间用逗号分隔。这里，创建 parse_csv.py 文件，在该文件中封装一个解析 CSV 文件中数据的函数来实现该功能。

```
import csv

'''
1.parse_csv() 函数有 file、startline 两个参数；
2.file 为必选参数；
3.startline 为默认参数，默认值为 1，即从第 2 行读取，因为第 1 行一般为标题行
'''
def parse_csv(file,startline=1):
    mylist = []
    with open(file, 'r', encoding='utf8') as f:
        data = csv.reader(f)
        for i in data:
            mylist.append(i)
        if startline==1:
            del mylist[0]  # 删除标题行
```

```
            else:
                pass
        return mylist


if __name__ == '__main__':
    data = parse_csv('test_1_1_home_search.csv')
    print(data)
    print(*data)
```

运行结果如下。

[['Python 实现 Web UI 自动化测试实战 ', 'Storm,李鲲程,边宇明 ', 'Storm'], ['夏洛的网 ', '[美]E.B. 怀特 ', ' 怀特 ']]
['Python 实现 Web UI 自动化测试实战 ', 'Storm,李鲲程,边宇明 ', 'Storm'] ['夏洛的网 ', '[美]E.B. 怀特 ', ' 怀特 ']

可以看到 data 的格式和 @pytest.mark.parametrize 参数化的格式一样。因此我们可以使用 data 来参数化测试用例数据。

12.3.3　测试数据和代码的分离

在本节中，我们的目标是结合前面所学的知识，先将测试用例中夹杂的测试数据分离出来，然后将测试数据存放在一个 CSV 文件中，在测试用例中通过读取 CSV 数据文件，参数化测试用例，从而实现测试数据和代码分离的效果。

准备工作如下。

（1）新建名为 Chapter_12_5 的包。

（2）在 Chapter_12_5 包下新建测试用例对应的 test_1_1_home_search.csv 文件。

（3）将 12.3.2 小节中的 parse_csv.py 复制 Chapter_12_5 包中。

（4）将 Chapter_12_3 包中的 test_1_1_home_search.py 文件复制到 Chapter_12_5 包中。

优化 test_1_1_home_search.py 文件，修改测试代码。

```
from appium.webdriver.common.appiumby import AppiumBy
import pytest
from Chapter12.Chapter_12_5.parse_csv import parse_csv


data = parse_csv('test_1_1_home_search.csv')


@pytest.mark.parametrize(("book_name", "author", "target"), data)
class TestHomeSearch(object):
    """
    测试首页的搜索功能
    """
```

```python
    @pytest.mark.L1
    def test_search(self, book_name, author, target, storm):
        # 单击首页中的搜索框
        storm.find_element(AppiumBy.IOS_PREDICATE, 'name CONTAINS "搜索栏"').click()
        # 在新打开的搜索页面的搜索框中输入"Web UI 自动化测试",单击"搜索"按钮
        # 注意新打开页面中的搜索框
        storm.find_element(AppiumBy.IOS_PREDICATE, 'type == "XCUIElementTypeSearchField"').send_keys(
            book_name)
        # 单击"搜索"按钮
        storm.find_element(AppiumBy.IOS_PREDICATE, 'type == "XCUIElementTypeButton" and name == "搜索"').click()
        # 单击"京东物流",筛选京东物流的图书
        storm.find_element(AppiumBy.IOS_PREDICATE, 'label == "京东物流" AND name == "京东物流"').click()
        # 单击第一个 "Python 实现 Web UI 自动化测试实战",进入图书详情页
        storm.find_element(AppiumBy.ACCESSIBILITY_ID, author).click()
        # 找到作者元素
        ele = storm.find_element(AppiumBy.IOS_PREDICATE, 'label == "{}"'.format(author))
        # 将作者信息保存到 ele_txt 中
        ele_txt = ele.text
        print('作者信息:{}'.format(ele_txt))
        # 断言 'Storm' 是作者之一
        assert target in ele_txt

if __name__ == '__main__':
    pytest.main(["-s"])
```

至此,我们达到了将测试配置、测试数据从测试代码中分离的目的,测试用例的灵活性及可扩展性得以提升,不过测试用例中元素的定位、元素的操作方法和通用业务还夹杂在一起,在 12.4 节中,我们将借助页面对象(page object)解决该问题。

12.4 提高测试用例的可维护性

开发具备可维护性的测试脚本对自动化测试持续集成非常重要。经过在项目中的不断实践,人们已经总结出一套基于页面对象模式的测试脚本设计方法。目前页面对象模式已经被广大测试人员认可。使用该模式可以将页面的元素定位和元素操作从测试用例的脚本中分离出来,直接调用封装好的元素操作测试用例的脚本,组装测试用例。页面对象模式带来的好处如下。

- 抽象出页面对象可以在很大程度上降低开发人员修改页面代码对测试的影响。

- 可以在多条测试用例中复用一部分测试代码。
- 可以使测试代码变得更易读、灵活、可维护。
- 测试团队可以分工协作：部分人封装测试元素和操作，部分人应用封装好的元素操作来组织测试用例。

在前面，我们编写了4条测试用例。随着时间的推移，测试用例的脚本会越来越多。某天由于项目重构、需求调整或者其他原因，"购物车"元素的label属性的值发生了变化，不巧的是，可能有几十条测试用例用到了该元素。此时，维护前期的测试脚本，就会变成一项繁重的工作。如果我们借助页面对象的思想，将测试元素定位和元素操作从测试用例的脚本中分离出来，就能从容应对上述场景。

虽然页面对象的思想被广大测试人员认可，但是不同团队在项目实践过程中往往采用不同的分层方案。这里介绍其中一种方案。

从整体规划上，将测试用例的代码分为3层。

在第1层，将所有元素定位器放到一个文件中。

在第2层，将所有元素操作放到一个文件中。

在第3层，将公共的业务场景封装到一个文件中。

然后，借助公共的业务场景，调用目标元素的操作来组装测试用例。

12.4.1　页面对象实践

在本节中，我们通过示例看一下页面对象的具体实现。在Chapter12目录下创建包，将它命名为Chapter_12_6，并在它下面创建两个包——case、page。

case用来保存测试用例及调用的函数。

page用来保存页面对象，如元素定位器、元素操作和业务场景。

Chapter_12_6包的结构如图12-2所示。

图12-2　Chapter_12_6包的结构

1. 封装元素定位器层

在 page 包中，新建 Python 文件，将它命名为 locators.py，在该文件中编写如下内容。

```python
from appium.webdriver.common.appiumby import AppiumBy
class HomePageLocators(object):
    # 首页
    HomeLabel = (AppiumBy.IOS_CLASS_CHAIN, '**/XCUIElementTypeButton[`label == "首页"`]')  # 底部的"首页"标签
    SearchBox = (AppiumBy.IOS_PREDICATE, 'name CONTAINS "搜索栏"')  # 首页的搜索栏
    # 搜索页中的搜索框
    Search = (AppiumBy.IOS_PREDICATE, 'type == "XCUIElementTypeSearchField"')
    SearchBtn = (AppiumBy.IOS_PREDICATE, 'type == "XCUIElementTypeButton" and name == "搜索"')  # "搜索"按钮


class BookPageLocators(object):
    # 图书列表和详情页。这里的定位方式不能和业务数据有关
    JDLogistics = (AppiumBy.IOS_PREDICATE, 'label == "京东物流" AND name == "京东物流"')  # 京东物流筛选
    Add2CartBtn = (AppiumBy.IOS_CLASS_CHAIN, '**/XCUIElementTypeStaticText[`label == "加入购物车"`]')  # "加入购物车"按钮
    OkBtn = (AppiumBy.IOS_CLASS_CHAIN, '**/XCUIElementTypeButton[`label == "确定"`]')  # "确定"按钮
    BackBtn = (AppiumBy.ACCESSIBILITY_ID, '返回')  # "返回"按钮
    CollectionBtn = (AppiumBy.IOS_CLASS_CHAIN, '**/XCUIElementTypeButton[`label == "收藏"`][2]')  # "收藏"按钮


class ShopCartPageLocators(object):
    # "购物车"页面
    ShopCartLabel = (AppiumBy.IOS_CLASS_CHAIN, '**/XCUIElementTypeButton[`label == "购物车"`]')  # "购物车"标签
    ListBookName = (AppiumBy.IOS_PREDICATE, 'label CONTAINS "Python 实现 Web UI 自动化测试实战"')  # 图书名称
    SettlementBtn = (AppiumBy.IOS_PREDICATE, 'label CONTAINS "去结算"')  # "去结算"按钮
    SubmitBtn = (AppiumBy.IOS_CLASS_CHAIN, '**/XCUIElementTypeStaticText[`label == "提交订单"`]')  # "提交订单"按钮


class PersonPageLocators(object):
    # "我的"页面
    PersonLabel = (AppiumBy.IOS_CLASS_CHAIN, '**/XCUIElementTypeButton[`label == "我的"`]')  # "我的"标签
    ProductCollection = (AppiumBy.IOS_PREDICATE, 'label == "商品收藏"')  # "商品收藏"按钮


class CollectionPageLocators(object):
    # "收藏"页面
    CollectBookName = (AppiumBy.IOS_PREDICATE, 'label CONTAINS "Python 实现 Web UI 自动化测试实战"')  # 收藏图书的名称
```

```
            UncollectBtn = (AppiumBy.IOS_CLASS_CHAIN, '**/XCUIElementTypeButton[`label ==
        "取消收藏"`][1]')   # "取消收藏"按钮
```

代码分析如下。

将所有页面元素都放到 locators.py 文件中。locators.py 文件包含多个类，每个类对应一组相关的页面（粒度需要自己把控）。在类下面放置这组相关的页面中用到的元素对应的定位器。

注意，定位器的值不能和业务相关，例如，当单击搜索结果列表页的图书时，该元素是通过 'label == "author"' 来定位的，该元素的定位器就不适合写在 locators.py 文件中。

2. 封装元素操作层

在 page 包中，新建 Python 文件，将它命名为 operations.py，在该文件中编写如下内容。

```python
from Chapter12.Chapter_12_6.page.locators import *

class BasePage(object):
    # 构造基础类
    def __init__(self, driver):
        # 在初始化时，该类会自动运行
        self.driver = driver

class HomePageOpn(BasePage):
    # 首页元素操作
    # 单击"首页"标签
    def click_home_label(self):
        # 单击搜索框
        ele = self.driver.find_element(*HomePageLocators.HomeLabel)
        ele.click()

    # 单击首页中的搜索框
    def click_search_box(self):
        # 单击搜索框
        ele = self.driver.find_element(*HomePageLocators.SearchBox)
        ele.click()

    # 在新打开的搜索页面的搜索框中输入文字
    def search_goods(self, goods_name):
        # 输入书名
        ele = self.driver.find_element(*HomePageLocators.Search)
        ele.send_keys(goods_name)

    # 在新打开的搜索页面中，单击"搜索"按钮
    def click_search_btn(self):
```

```python
        # 单击"登录"按钮
        ele = self.driver.find_element(*HomePageLocators.SearchBtn)
        ele.click()


class BookPageOpn(BasePage):
    # 图书列表和详情页操作
    # 单击"京东物流"筛选商品
    def click_jd(self):
        ele = self.driver.find_element(*BookPageLocators.JDLogistics)
        ele.click()

    # 通过单击作者元素,进入图书详情页
    def click_list_author(self, author):
        # 获取作者列表
        # 因为该元素定位与业务逻辑有关,所以搜索内容不同,定位器不同,不从locators.py读取定位器
        # ele = self.driver.find_element(*BookPageLocators.ListAuthor)
        ele = self.driver.find_element(AppiumBy.ACCESSIBILITY_ID, '{}'.
            format(author))
        ele.click()

    # 单击"加入购物车"按钮
    def click_add2cart_btn(self):
        ele = self.driver.find_element(*BookPageLocators.Add2CartBtn)
        ele.click()

    # 单击"返回"按钮
    def click_back_btn(self):
        ele = self.driver.find_element(*BookPageLocators.BackBtn)
        ele.click()

    # 单击"确定"按钮
    def click_ok_btn(self):
        ele = self.driver.find_element(*BookPageLocators.OkBtn)
        ele.click()

    # 单击"收藏"按钮
    def click_collection_btn(self):
        ele = self.driver.find_element(*BookPageLocators.CollectionBtn)
        ele.click()

    # 获取详情页中的作者信息
    def get_detail_author(self, author):
        author_info = self.driver.find_element(AppiumBy.IOS_PREDICATE, 'label == "{}"'.format(author)).text
        return author_info
```

```python
class ShopCartPageOpn(BasePage):
    # 购物车页面中的元素操作
    # 单击"购物车"标签
    def click_shopcart_label(self):
        ele = self.driver.find_element(*ShopCartPageLocators.ShopCartLabel)
        ele.click()

    # 获取购物车图书名称列表
    def get_book_name_list(self):
        eles = self.driver.find_elements(*ShopCartPageLocators.ListBookName)
        return eles

    # 获取购物车中第一本书的名称
    def get_book_name_first(self):
        author_name = self.driver.find_element(*ShopCartPageLocators.ListBookName).\
            get_attribute('name')
        return author_name

    # 单击"结算"按钮
    def click_settlement_btn(self):
        ele = self.driver.find_element(*ShopCartPageLocators.SettlementBtn)
        ele.click()

    # 获取"提交订单"按钮是否可单击的状态
    def get_submit_btn_status(self):
        ele = self.driver.find_element(*ShopCartPageLocators.SubmitBtn)
        return ele.get_attribute('enabled')

class PersonPageOpn(BasePage):
    # 个人页面中的元素操作
    # 单击"我的"标签
    def click_person_label(self):
        ele = self.driver.find_element(*PersonPageLocators.PersonLabel)
        ele.click()

    # 单击"收藏"按钮
    def click_product_collection(self):
        ele = self.driver.find_element(*PersonPageLocators.ProductCollection)
        ele.click()


class CollectionPageOpn(BasePage):
    # 商品收藏页面中的元素操作

    # 将所有商品名保存为列表
    def get_collect_bookname_list(self, book_name):
        eles = self.driver.find_elements(AppiumBy.IOS_PREDICATE, 'label CONTAINS
        "{}"'.format(book_name))
```

```
            return eles

    # 返回第一个收藏的商品
    def get_collect_goods_first(self, book_name):
        first_goods = self.driver.find_element(AppiumBy.IOS_PREDICATE, 'label
CONTAINS "{}"'.format(book_name))
        return first_goods

    # 单击 "取消收藏" 按钮
    def click_uncollect(self):
        ele = self.driver.find_element(*CollectionPageLocators.UncollectBtn)
        ele.click()
```

代码分析如下。

首先导入 locators.py 文件,然后定义 BasePage 类,该类用于初始化一个 driver。后续的方法继承 BasePage 类,获得 driver。借助 driver 和前面封装好的元素定位器,封装这些元素的操作方法,每个类(class)对应一个页面,每个方法(def)对应一个元素的操作。当涉及定位器的值以变量的方式传递时,保持代码的灵活性。

3. 封装业务场景层

在 page 包中,新建 scenarios.py,用来封装常用业务场景。这里封装了以下 3 个场景。

- 搜索商品并进入商品详情页。
- 搜索商品并将它加入购物车。
- 搜索商品并将它加入收藏。

代码如下。

```
from Chapter12.Chapter_12_6.page.operations import *

class GoodsScenario(object):
    """
    这里定义商品相关的场景
    """
    # 场景一:搜索商品并进入商品详情页
    def search_goods(self, book_name, author, storm):
        HomePageOpn(storm).click_search_box()
        HomePageOpn(storm).search_goods(book_name)
        HomePageOpn(storm).click_search_btn()
        BookPageOpn(storm).click_jd()
        BookPageOpn(storm).click_list_author(author)

    # 场景二:搜索商品并将它加入购物车
    def add_cart(self, book_name, author, storm):
```

```python
            HomePageOpn(storm).click_search_box()
            HomePageOpn(storm).search_goods(book_name)
            HomePageOpn(storm).click_search_btn()
            BookPageOpn(storm).click_jd()
            BookPageOpn(storm).click_list_author(author)
            BookPageOpn(storm).click_add2cart_btn()

    # 场景三:搜索商品并将它加入收藏
    def collect_goods(self, book_name, author, storm):
            HomePageOpn(storm).click_search_box()
            HomePageOpn(storm).search_goods(book_name)
            HomePageOpn(storm).click_search_btn()
            BookPageOpn(storm).click_jd()
            BookPageOpn(storm).click_list_author(author)
            BookPageOpn(storm).click_collection_btn()

if __name__ == '__main__':
    GoodsScenario().search_goods('sss')
```

代码分析如下。

这里导入前面封装好的元素操作 operations.py。这段代码中定义了 GoodsScenario 类,然后在该类下面定义 search_goods() 方法,用来实现搜索商品并进入商品详情页的场景;add_cart() 方法用来实现搜索商品并将它加入购物车的场景;collect_goods() 方法用来实现搜索商品并将它加入收藏的场景。这 3 个方法都有 3 个参数,分别是 book_name(搜索的图书名)、author(图书的作者)、storm(接收 conftest.py 中的 driver)。

4. 重构测试用例

将 Chapter_12_1 包下的测试用例复制到 case 包下;将 parse_csv.py 文件复制到 Chapter_12_6 包下。接下来,我们对 4 条测试用例逐一进行调整。

对 test_1_1_home_search.py 的修改如下。

```python
import pytest
from Chapter12.Chapter_12_6.parse_csv import parse_csv
from Chapter12.Chapter_12_6.page.scenarios import *

data = parse_csv('../test_1_1_home_search.csv')

@pytest.mark.parametrize(("book_name", "author", "target"), data)
class TestHomeSearch(object):
    """
    测试首页的搜索功能
    """
```

```python
        @pytest.mark.L1
        def test_search(self, book_name, author, target, storm):
            GoodsScenario().search_goods(book_name, author, storm)
            # 将作者信息保存到 ele_txt 中
            ele_txt = BookPageOpn(storm).get_detail_author(author)
            print('作者信息:{}'.format(ele_txt))
            # 断言 'Storm' 是作者之一
            assert target in ele_txt

if __name__ == '__main__':
    pytest.main(["-s"])
```

对 test_1_2_add_cart.py 的修改如下。

```python
import pytest
from Chapter12.Chapter_12_6.page.scenarios import *
from Chapter12.Chapter_12_6.parse_csv import parse_csv

data = parse_csv('../test_1_2_add_cart.csv')

@pytest.mark.parametrize(("book_name", "author"), data)
class TestAddCart(object):
    """
    测试加入购物车功能，加入购商品后，购物车中有该商品
    """
    @pytest.mark.L1
    def test_add_cart(self, book_name, author, storm):
        # 单击首页中的搜索框
        GoodsScenario().add_cart(book_name, author, storm)
        # 单击"返回"按钮，返回商品搜索列表页面
        BookPageOpn(storm).click_back_btn()
        BookPageOpn(storm).click_back_btn()
        BookPageOpn(storm).click_back_btn()
        # 单击"购物车"
        ShopCartPageOpn(storm).click_shopcart_label()
        # 将第一本书的书名存储到 book_name1 变量中
        book_name1 = ShopCartPageOpn(storm).get_book_name_first()
        print('the book name is {}'.format(book_name1))
        # 断言目标图书加购成功
        assert book_name in book_name1

if __name__ == '__main__':
    pytest.main(["-s"])
```

对 test_1_3_collect.py 的修改如下。

```python
import pytest
from Chapter12.Chapter_12_6.parse_csv import parse_csv
from Chapter12.Chapter_12_6.page.scenarios import *
```

```python
data = parse_csv('../test_1_2_add_cart.csv')

@pytest.mark.parametrize(("book_name", "author"), data)
class TestCollect(object):
    """
    测试收藏功能
    """
    @pytest.mark.L2
    def test_collect(self, book_name, author, storm):
        # 单击首页中的搜索框
        GoodsScenario().collect_goods(book_name, author, storm)
        # 单击"返回"按钮,返回商品搜索列表页面
        BookPageOpn(storm).click_back_btn()
        BookPageOpn(storm).click_back_btn()
        BookPageOpn(storm).click_back_btn()
        # 单击"我的"
        PersonPageOpn(storm).click_person_label()
        # 单击商品收藏,进入收藏详情列表
        PersonPageOpn(storm).click_product_collection()
        # 将书名包含 "Web UI 自动化测试" 的书放入 book_name1 变量中
        book_name1 = CollectionPageOpn(storm).get_collect_goods_first(book_name).\
            get_attribute('name')
        print('the book name is {}'.format(book_name1))
        # 断言:加入收藏的图书在图书列表可见
        assert book_name in book_name1
        # 将收藏的图书取消收藏
        book_ele = CollectionPageOpn(storm).get_collect_goods_first(book_name)
        storm.execute_script('mobile: swipe', {'direction': 'left', 'element': book_ele,
            "duration": 1})
        # 单击"取消收藏"
        CollectionPageOpn(storm).click_uncollect()

if __name__ == '__main__':
    pytest.main(["-s"])
```

对 test_1_4_pay.py 的修改如下。

```python
import pytest
from Chapter12.Chapter_12_6.parse_csv import parse_csv
from Chapter12.Chapter_12_6.page.scenarios import *

data = parse_csv('../test_1_2_add_cart.csv')

@pytest.mark.parametrize(("book_name", "author"), data)
class TestPay(object):
    """
    测试结算商品功能,判断"提交订单"按钮是否可单击
```

```python
    """
    @pytest.mark.L1
    def test_pay(self, book_name, author, storm):
        GoodsScenario().add_cart(book_name, author, storm)
        BookPageOpn(storm).click_back_btn()
        BookPageOpn(storm).click_back_btn()
        BookPageOpn(storm).click_back_btn()
        # 单击"购物车"
        ShopCartPageOpn(storm).click_shopcart_label()
        # 单击"去结算",这里不能直接用 Inspector 提供的定位器,图书数量不同,文字不同
        ShopCartPageOpn(storm).click_settlement_btn()
        # 断言:进入"确认订单"页面,该页面中的"提交订单"按钮可单击,属性为 enabled
        attr = ShopCartPageOpn(storm).get_submit_btn_status()
        assert 'true' == attr

if __name__ == '__main__':
    pytest.main(["-s"])
```

说明如下。

将所有项目的元素定位器和元素操作分别放置到一个文件中,虽然导入较方便,但是文件会非常大。合理规划页面并添加适当的注释,将有利于测试工程师搜索、调用页面元素操作,快速编写测试用例。在测试用例中,优先使用封装的公共场景,配合使用封装好的元素操作,少使用元素定位器定位元素。虽然测试用例变得"清爽",但因为增加了 locators.py、operations.py、scenarios.py 文件,测试代码的复杂度实际上有所增加。

12.4.2 "危机"应对

为了让测试用例变得清爽,将元素定位器、元素操作、业务场景抽离成单独的文件,这在一定程度上增加了代码的复杂度。

在实际项目中,项目的变更是持续存在的,也正因为如此,我们才引入页面对象模式。本节将通过几个场景演示如何用以页面对象模式封装的代码应对项目变更。

1. 元素定位器发生变化

元素定位器发生变化是非常常见的一种情况。假设首页中搜索框的定位器的值发生了变化或者要使用其他的定位器进行定位,该如何处理呢?

在改造前,因为 4 条测试用例都用到了首页中的搜索框,当该元素的定位器发生变化时,我们就需要修改 4 条测试用例中所有用到该元素的代码。

在页面对象模式下,我们只需要将 locators.py 文件中首页的搜索框的定位方法修改成可用的。

```
...
class HomePageLocators(object):
    # 首页
    HomeLabel = (AppiumBy.IOS_CLASS_CHAIN, '**/XCUIElementTypeButton[`label == "首页"`]')  # 底部的"首页"标签
    # 当首页中搜索框的定位器发生变化时,只需修改 SearchBox 的代码即可
    SearchBox = (AppiumBy.IOS_PREDICATE, 'name CONTAINS "搜索栏"')  # 首页中的搜索栏
    Search = (AppiumBy.IOS_PREDICATE, 'type == "XCUIElementTypeSearchField"')
    # 搜索页中的搜索框
    SearchBtn = (AppiumBy.IOS_PREDICATE, 'type == "XCUIElementTypeButton" and name == "搜索"')  # "搜索"按钮
...
```

只需要修改 locators.py 中 SearchBox 对应的元素定位器的值,而不需要修改任何测试用例代码,这使整个测试脚本维护起来非常方便。

2. 元素操作发生变化

某些情况下,若使元素的操作发生变化,如将单击换成触摸(或者将长按删除换成左滑删除),那么只需要调整 operations.py 文件中对应元素操作的代码即可。

这里,我们将单击搜索框的操作"ele.click()"换成"ele.tap()"。

```
...
    # 单击首页中的搜索框
    def click_search_box(self):
        # 单击搜索框
        ele = self.driver.find_element(*HomePageLocators.SearchBox)
        # ele.click()
        ele.tap()
...
```

同样,用到该操作的测试用例不需要再做任何改动,维护相当方便。

3. 封装的业务场景发生变化

假如添加商品到购物车的场景发生了变化,该如何处理呢?

在测试中,在加购部分图书时,单击"加入购物车"按钮,会弹出具体参数选择页面(见图 12-3),在该页面中,单击"确定"按钮,才能将图书正常加入购物车。为了后续能单击"返回"按钮,还建议单击█按钮,如图 12-4 所示,返回图书详情页。

图 12-3　具体参数选择页面

图 12-4　单击按钮

要完成上述变化,我们需要进行如下操作。

先在 locators.py 中新增用到的元素。

```
...
class BookPageLocators(object):
    # 图书列表和详情页。这里的定位方式不能和业务数据有关
    JDLogistics = (AppiumBy.IOS_PREDICATE, 'label == "京东物流" AND name == "京东物流"')  # 京东物流筛选
    Add2CartBtn = (AppiumBy.IOS_CLASS_CHAIN, '**/XCUIElementTypeStaticText[`label == "加入购物车"`]')  # "加入购物车"按钮
    OkBtn = (AppiumBy.IOS_CLASS_CHAIN, '**/XCUIElementTypeButton[`label == "确定"`]')  # 加入购物车弹窗页面的"确定"按钮
    # 加入购物车弹窗页面的关闭按钮
    CloseIcon = (AppiumBy.IOS_PREDICATE, 'label == "closeIcon"')
...
```

再在 operations.py 中增加对元素的操作。

```
...
    # 单击"确定"按钮
    def click_ok_btn(self):
        ele = self.driver.find_element(*BookPageLocators.OkBtn)
        ele.click()

    # 单击"关闭"按钮
```

```
        def click_close_icon(self):
            ele = self.driver.find_element(*BookPageLocators.CloseIcon)
            ele.click()
```
...

然后,将 scenarios.py 的代码修改为如下内容。

...
```
    # 场景二:搜索商品并将它加入购物车
    def add_cart(self, book_name, author, storm):
        HomePageOpn(storm).click_search_box()
        HomePageOpn(storm).search_goods(book_name)
        HomePageOpn(storm).click_search_btn()
        BookPageOpn(storm).click_jd()
        BookPageOpn(storm).click_list_author(author)
        BookPageOpn(storm).click_add2cart_btn()
        try:
            BookPageOpn(storm).click_ok_btn()
            BookPageOpn(storm).click_close_icon()
        except Exception:
            pass
```
...

从上述代码可以看到,我们一共修改了以下内容。

- 在元素定位器中,新增两个定位器:单击"加入购物车"按钮,弹出窗口中的"确定"按钮的定位器;单击"确定"按钮,弹出窗口右上角的关闭图标的定位器。
- 在元素操作中,新增这两个元素的单击方法。
- 在"加购商品"场景中,通过 try 兼容该场景的操作。

虽然整体复杂了一些,但是测试用例不需要改动。注意,如果用到新的元素,则需要先增加元素和元素操作,再修改 scenarios.py 文件;如果没有用到新元素,则只需要直接修改 scenarios.py 即可。

4. 修改测试用例

某些时候(例如,在功能测试中发现缺陷时,需要将断言补充到自动化测试用例中),我们需要调整测试用例本身。例如,我们编写的 test_1_1_home_search.py 测试用例中,一个断言是判断搜索出来的图书作者是否包含"×××"。假设现在我们要增加一条断言,在判断作者的基础上,还要判断该图书的出版社是不是"×××出版社",那么该如何操作呢?

第一,添加出版社元素定位器。

...
```
class BookPageLocators(object):
    # 图书列表和详情页。这里的定位方式不能和业务数据有关
```

```python
    JDLogistics = (AppiumBy.IOS_PREDICATE, 'label == "京东物流" AND name == "京东
物流"')  # 京东物流筛选
    Add2CartBtn = (AppiumBy.IOS_CLASS_CHAIN, '**/XCUIElementTypeStaticText
[`label == "加入购物车"`]')  # "加入购物车"按钮
    OkBtn = (AppiumBy.IOS_CLASS_CHAIN, '**/XCUIElementTypeButton[`label ==
"确定"`]')  # 新增"确定"按钮
    CloseIcon = (AppiumBy.IOS_PREDICATE, 'label == "closeIcon"')  # 新增关闭按钮
    BackBtn = (AppiumBy.ACCESSIBILITY_ID, '返回')  # "返回"按钮
    CollectionBtn = (AppiumBy.IOS_CLASS_CHAIN, '**/XCUIElementTypeButton
[`label == "收藏"`][2]')  # "收藏"按钮
    # 固定业务信息,不适合写在locators.py中
    # publisher = (AppiumBy.ACCESSIBILITY_ID, '人民邮电出版社')
...
```

第二,添加获取出版社元素信息的操作。

```python
...
class BookPageOpn(BasePage):
    # 图书列表和详情页操作
    # 单击"京东物流"筛选商品
    def click_jd(self):
        ele = self.driver.find_element(*BookPageLocators.JDLogistics)
        ele.click()

    # 通过单击作者元素,进入图书详情页
    def click_list_author(self, author):
        # 获取作者列表
        # 因为该元素的定位与业务逻辑有关,所以搜索内容不同,定位器不同,不从locators.py读取定位器
        # ele = self.driver.find_element(*BookPageLocators.ListAuthor)
        ele = self.driver.find_element(AppiumBy.ACCESSIBILITY_ID, '{}'.format
(author))
        ele.click()

    # 单击"加入购物车"按钮
    def click_add2cart_btn(self):
        ele = self.driver.find_element(*BookPageLocators.Add2CartBtn)
        ele.click()

    # 单击"返回"按钮
    def click_back_btn(self):
        ele = self.driver.find_element(*BookPageLocators.BackBtn)
        ele.click()

    # 单击"确定"按钮
    def click_ok_btn(self):
        ele = self.driver.find_element(*BookPageLocators.OkBtn)
        ele.click()
```

```python
    # 单击"关闭"按钮
    def click_close_icon(self):
        ele = self.driver.find_element(*BookPageLocators.CloseIcon)
        ele.click()

    # 单击"收藏"按钮
    def click_collection_btn(self):
        ele = self.driver.find_element(*BookPageLocators.CollectionBtn)
        ele.click()

    # 获取详情页中的作者信息
    def get_detail_author(self, author):
        author_info = self.driver.find_element(AppiumBy.IOS_PREDICATE, 'label == "{}"'.format(author)).text
        return author_info

    def get_detail_publish(self, publisher):
        # 通过"出版社"信息定位这个元素
        ele = self.driver.find_element(AppiumBy.ACCESSIBILITY_ID, '{}'.format(publisher))
        return ele.get_attribute('name')
...
```

第三，修改测试用例的文件。在 test_1_1_home_search.csv 文件中添加 publisher 字段，用于断言的读取，修改效果如下。

```
BookName,Author,publisher,target
"Python 实现 Web UI 自动化测试实战","Storm,李鲲程,边宇明","Storm","人民邮电出版社"
```

第四，修改测试用例本身。对 test_1_1_home_search.py 的修改如下。

```python
import pytest
from Chapter12.Chapter_12_6.parse_csv import parse_csv
from Chapter12.Chapter_12_6.page.scenarios import *

data = parse_csv('../test_1_1_home_search.csv')

@pytest.mark.parametrize(("book_name", "author", "target", "publisher"), data)
class TestHomeSearch(object):
    """
    测试首页的搜索功能
    """
    @pytest.mark.L1
    def test_search(self, book_name, author, target, publisher, storm):
        GoodsScenario().search_goods(book_name, author, storm)
        # 向上滑动屏幕
        storm.execute_script('mobile: swipe', {'direction': 'up'})
        # 将作者信息保存到 ele_txt 中
        ele_txt = BookPageOpn(storm).get_detail_author(author)
```

```
            print('作者信息：{}'.format(ele_txt))
            # 断言一：判断搜索出来的图书作者信息是不是预期的作者信息
            assert target in ele_txt
            # 断言二：出版社
            publisher_1 = BookPageOpn(storm).get_detail_publish(publisher)
            print('出版社信息：{}'.format(publisher_1))
            assert publisher_1 in publisher

if __name__ == '__main__':
    pytest.main(["-s"])
```

自动化测试的断言点总是有限的，某些时候，在自动化测试中没有发现问题，在人工测试或者生产环境中却出现了问题。这个时候，我们就要把相关的检查点添加到测试用例当中。

12.4.3 新增的缺点

页面对象模式是自动化测试领域的优秀实践，借助该思想，测试用例中代码的冗余性大大降低，测试用例的维护成本降低，测试用例的可维护性则大大提升。前面通过几个示例演示了页面对象思想的实际优势。不过就当前情况而言，测试用例还存在一些缺点。

- 文件结构混杂。除 case 包和 page 包外，测试数据、配置数据和一些封装好的公共函数文件都存放在 Chapter_12_6 下面，文件结构（见图 12-5）显得非常混乱，不利于管理和使用。

图 12-5 文件结构

- 缺乏测试日志。如果测试执行失败，没有对应的日志，会较难定位问题。添加日志功能是后续需要改进的要点。
- 缺乏失败截图。同样，如果元素定位失败或者测试用例执行发生异常，有失败截图，则能够更加直观地定位问题，修复代码。为测试代码增加失败截图功能也是后续需要改进的要点。
- 缺乏显式等待。推荐使用显式等待，但上述代码并未使用显式等待，原因是如果为每个定位元素都加上显式等待，代码会非常冗长，后续我们通过封装 Appium 元素定位 API 来解决该问题。

第13章
自动化测试框架开发

在本章中,我们要借助页面对象思想,在 Pytest 的基础上开发一款自动化测试框架,通过该框架克服页面对象模式的缺点。

13.1 自动化测试框架设计

首先，我们从文件结构的角度对自动化测试框架做一个整体规划，自动化测试框架的结构如图 13-1 所示。

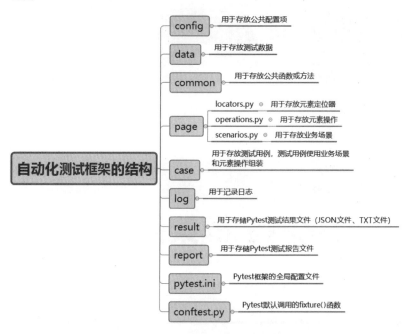

图 13-1　自动化测试框架的结构

接下来，按照图 13-1 所示的结构，使用 PyCharm 新建项目及对应目录，具体操作步骤如下。

对照图 13-1，在 iOSTest_1 项目下面新建 Chapter13 包，效果如图 13-2 所示。

复制文件。将第 12 章中的文件按类别复制到 Chapter13 包中。

- 将 Chapter_12_6 包下的 desired_caps.yaml 移动到 Chapter13/config 中。
- 将 Chapter_12_6 包下的 parse_csv.py、parse_yaml.py 移动到 Chapter13/common 中。
- 将 Chapter_12_6 包下的两个 CSV 文件移动到 Chapter13/data 中。

图 13-2　新建 Chapter13 包的效果

- 将 Chapter_12_6 包下的 conftest.py、pytest.ini 文件移动到 Chapter13 包中。
- 将 Chapter_12_6/case 包下的 4 个测试用例移动到 Chapter13/case 中。
- 将 Chapter_12_6/page 包下的 3 个文件移动到 Chapter13/page 中。

13.2 优化目录层级

虽然我们已经将 Chapter_12_6 中的文件分门别类地放到了 13.1 节中创建的目录中，但因为文件结构发生了变化，部分文件、模块的引用关系就需要调整，示例如下。

- 若在 conftest.py 模块中引用 parse_yaml 模块，就需要调整。
- 若在 operations.py 和 scenarios.py 模块中引用模块，就需要调整。
- 测试用例引用需要调整。

这里需要提醒的是，在调整测试文件中的文件引用的时候，要使用相对路径，尽量少用绝对路径，避免更换项目路径后，代码需要进行大量调整。

13.2.1 Python 的 os 模块

为避免更换项目路径对测试框架代码的影响，这里演示使用 Python 的 os 模块来构造文件引用路径的方法。

os 是 Python 标准库中的一个内置模块，用于实现访问操作系统等功能。在自动化测试过程中，我们会遇到访问某个文件的场景，但是不同操作系统中的文件路径分隔符不同，如果想使自己编写的代码更加健壮，就需要使用 os 模块提供的方法，从而实现跨平台访问。

os.sep 用于获取当前系统路径的分隔符。例如，Windows 系统中的分隔符是 "\"，Linux 系统和 macOS 的分隔符是 "/"。

os.name 用于显示使用的工作平台。例如，在 Windows 平台中返回 "nt"，在 Linux 系统或 macOS 中返回 "posix"。

os.getcwd( ) 用于获取当前文件的路径。

示例代码如下。

```
import os
print(os.sep)  # 获取当前系统中路径的分隔符
print(os.name)  # 显示使用的工作平台
```

```
print(os.getcwd())  # 获取当前文件的路径
```

运行结果如图 13-3 所示。

假如我们需要拼接一个文件目录，示例代码如下。

```
import os
# 假如我们需要拼接当前文件同级目录里的 aa.py 文件
cur_path = os.getcwd()    # 获取当前文件的路径
print(cur_path)
file = cur_path + os.sep + 'aa.py'  # 通过 os.sep 获取当前系统路径的分隔符
print(file)
```

图 13-3　运行结果

运行结果如下。

```
/Users/juandu/PycharmProjects/iOSTest_1/Chapter23
/Users/juandu/PycharmProjects/iOSTest_1/Chapter23/aa.py
```

对文件、目录进行操作的方法如下。

- os.listdir()：显示指定目录下的所有文件和文件夹。
- os.mkdir()：创建目录。
- os.rmdir()：删除空目录。若目录中有文件，则无法删除。
- os.makedirs()：生成多层递归目录。如果目录全部存在，则创建目录失败。
- os.removedirs()：删除多层递归的空目录。若目录中有文件，则无法删除。
- os.chdir()：将当前目录更改为指定目录。
- os.rename()：重命名目录或文件。如果更改的目录名、文件名存在，则重命名失败。
- os.path.basename()：返回文件名。
- os.path.dirname()：返回文件路径。
- os.path.abspath()：获取路径的绝对路径表示。
- os.path.join()：连接目录、文件。
- os.path.exists(path)：判断文件或者目录是否存在。如果文件或者目录存在，则返回 True；否则，返回 False。
- os.path.isfile(path)：判断参数是不是文件。如果参数是文件，则返回 True；否则，返回 False。
- os.path.isdir(path)：判断参数是不是目录。

示例代码与运行结果如下。

```
>>> import os
>>> os.path.exists('/Users/juandu/PycharmProjects/')
True
```

13.2.2 调整模块引用

接下来,我们借助 Python 的 os 模块优化、调整测试用例中模块引用的相关内容。

对 pytest.ini 文件进行调整,将 alluredir 目录修改为上级目录 result。

```
[pytest]
addopts = -v --reruns 2  --reruns-delay 2 --alluredir=../result --clean-alluredir
markers = L1:level_1 testcases
          L2:level_2 testcases
testpaths = ./case
python_file = test_*.py
python_classes = Test*
python_functions = test_*
```

对 conftest.py 文件的调整如下。

- 修改导入 parse_yaml 包的路径。
- 导入 os 模块,通过 os 模块拼接配置文件的路径。

具体代码如下。

```
from appium import webdriver
from time import sleep
import pytest
from Chapter13.common.parse_yaml import parse_yaml
import os

# 设置driver方法
driver = None
data_file = os.path.join(os.path.dirname(os.getcwd()),'config/desired_caps.yaml')

# scope="function",每个函数或方法执行一次启动和结束 driver 的操作
@pytest.fixture(scope="function")
def storm():
    global driver
    caps = parse_yaml(data_file, 'jd_caps')
    remote = parse_yaml(data_file, 'jd_remote', 'remote')
    driver = webdriver.Remote(remote, caps)
    driver.implicitly_wait(10)
    yield driver
    # 休眠1 s,然后退出 driver
    sleep(1)
    driver.quit()
```

对 operations.py 和 scenarios.py 文件进行的调整如下。

- 修改导入 basepage 包的路径。
- 修改导入 locators.py 和 scenarios.py 包的路径。

修改后的 operations.py 如下。

```
from Chapter13.page.locators import *
from Chapter13.page.operations import *
```

在测试用例中,导入 parse_csv() 函数的路径需调整,导入 scenarios.py 的路径需调整,涉及参数化文件读取的路径需调整。

这里以 test_1_1_home_search.py 文件为例,调整测试用例的代码。

```
import pytest
from Chapter13.common.parse_csv import parse_csv
from Chapter13.page.scenarios import *
import os

# os.getcwd() 用于获取当前文件所在目录的路径
# os.path.dirname(os.getcwd()) 用于获取当前文件所在目录的上一级目录
# os.path.join(os.path.dirname(os.getcwd()),'data/xxx.csv') 用于拼接数据文件及目录
data_file = os.path.join(os.path.dirname(os.getcwd()),'data/test_1_1_home_search.csv')

@pytest.mark.parametrize(("book_name", "author", "target", "publisher"), parse_csv(data_file))
class TestHomeSearch(object):
    """
    测试首页的搜索功能
    """
    @pytest.mark.L1
    def test_search(self, book_name, author, target, publisher, storm):
        GoodsScenario().search_goods(book_name, author, storm)
        # 向上滑动屏幕
        storm.execute_script('mobile: swipe', {'direction': 'up'})
        # 将作者信息保存到 ele_txt 中
        ele_txt = BookPageOpn(storm).get_detail_author(author)
        print('作者信息:{}'.format(ele_txt))
        # 断言一:判断搜索出来的作者信息是不是预期作者信息
        assert target in ele_txt
        # 断言二:出版社
        publisher_1 = BookPageOpn(storm).get_detail_publish(publisher)
        print('出版社信息:{}'.format(publisher_1))
        assert publisher_1 in publisher

if __name__ == '__main__':
    pytest.main(["-s"])
```

其余测试用例的调整方法与上述方法类似。

至此,我们已经根据框架设计,创建了新项目,且对测试用例、配置、数据、报告等文件进行了分类,整个测试框架看起来更清晰。

13.3 增加日志信息

本节讲述如何为测试用例增加日志信息。

13.3.1 日志概述

在自动化测试脚本运行的过程中，PyCharm 控制台一般会输出日志，但是如果测试项目是在 Linux 服务器上运行的，没有 PyCharm 控制台输出日志，那么我们该如何采集日志呢？

不管是在项目开发还是测试过程中，一旦项目运行出现问题，日志信息就非常重要。日志是定位问题的重要手段，能够帮助我们查找自动化测试用例执行失败的节点，这对分析测试用例执行失败的原因有关键作用。

在运行测试脚本时，会出现很多情况，产生许多信息，如调试信息、报错或异常信息等。日志要根据这些不同的情况来进行分级管理，不然会对排查问题产生比较大的干扰。日志级别如表 13-1 所示。

表 13-1 日志级别

级别	说明
DEBUG	调试信息，是最详细的日志信息，级别最低
INFO	证明事情按预期工作，级别次低
WARNING	表明发生了一些意外，或者在不久的将来会出现问题（如磁盘满了）。软件还在正常工作，属于中间级别
ERROR	由于更严重的问题，软件已不能执行一些功能了，级别次高
CRITICAL	严重错误，表明软件已不能继续运行了，级别最高

若日志的级别设置为 DEBUG，输出全部的日志（notset 等同于 DEBUG）。

若日志的级别设置为 INFO，输出 INFO、WARNING、ERROR、CRITICAL 级别的日志。

若日志的级别设置为 WARNING，输出 WARNING、ERROR、CRITICAL 级别的日志。

若日志的级别设置为 ERROR，输出 ERROR、CRITICAL 级别的日志。

若日志的级别设置为 CRITICAL，输出 CRITICAL 级别的日志。

日志格式化是为了提高日志的可阅读性，例如，日志的格式可以是时间 + 模块 + 行数 + 日志具体信息。如果日志信息杂乱无章地输出，就不利于定位问题。下面是一种常见的日志格式。

```
2023-08-06 15:53:17,544 logging_test.py[line:18] CRITICAL critical
```

一个项目中可以有很多的日志采集点，而日志采集点必须结合业务属性来设置。例如，在定位元素代码执行前，可以插入"定位×××元素"的日志信息，如果定位元素之后，再设置提示操作元素的日志就会造成误解，无法判断到底是定位元素出现问题，还是操作元素出现问题，因此，日志采集点的位置很重要。

13.3.2 logging 的用法

Python 的 logging 模块提供了两种日志记录方式。
- 使用 logging 模块提供的模块级别的函数。
- 使用 logging 模块的组件。

接下来，让我们逐一了解这两种日志记录方式。

1. 使用 logging 模块提供的模块级别的函数

首先，使用默认日志级别输出日志，示例代码如下。

```
# 导入 logging 模块
import logging

# 输出日志级别
def test_logging():
    logging.debug('Python debug')
    logging.info('Python info')
    logging.warning('Python warning')
    logging.error('Python Error')
    logging.critical('Python critical')

test_logging()
```

输出结果如下。

```
WARNING:root:Python warning
ERROR:root:Python Error
CRITICAL:root:Python critical
```

在指定一个日志级别之后，会记录日志级别高于或等于这个日志级别的日志信息，日志级别低于这个日志级别的日志信息会被丢弃，默认情况下系统只显示日志级别高于或等于 WARNING 级别的日志。

然后，通过 logging.basicConfig( ) 设置日志级别和日志输出格式。需要注意的是，logging.basicConfig( ) 需要在代码的开头就设置，在代码的中间设置并不会起作用。示例如下。

```
import logging

# 输出日志级别
def test():
    logging.basicConfig(level=logging.DEBUG)
    logging.debug('Python debug')
    logging.info('Python info')
    logging.warning('Python warning')
    logging.error('Python Error')
    logging.critical('Python critical')
    logging.log(2,'test')
test()
```

在上述代码中，设置日志级别为 DEBUG，因此输出结果如下。

```
DEBUG:root:Python debug
INFO:root:Python info
WARNING:root:Python warning
ERROR:root:Python Error
CRITICAL:root:Python critical
```

接下来，将日志保存在文件中，示例如下。

```
# 将日志保存到文件中
logging.basicConfig(filename='./example.log', level=logging.DEBUG)
logging.debug('This message should go to the log file')
logging.info('So should this')
logging.warning('And this, too')
```

在当前目录下会有 example.log 文件，内容如下。

```
DEBUG:root:This message should go to the log file
INFO:root:So should this
WARNING:root:And this, too
```

最后，定制化日志的格式，示例如下。

```
import logging
logging.basicConfig(format='%(asctime)s %(message)s')
logging.warning('is when this event was logged.')

logging.basicConfig(format='%(asctime)s %(message)s', datefmt='%m/%d/%Y %I:%M:%S %p')
logging.warning('is when this event was logged.')
```

输出信息如下。

```
import logging
2023-11-24 18:57:45,988 is when this event was logged.
2023-11-24 18:57:45,988 is when this event was logged.
```

2. 使用 logging 模块的组件

logging 模块的组件包括 Logger 对象、处理程序、过滤器和格式化程序。

Logger 对象用于设置日志记录方式。Logger 是一个树形层级结构,在使用接口 debug、info、warn、error、critical 之前必须创建 Logger 实例,方法如下。

```
logger = logging.getLogger(logger_name)
```

创建 Logger 实例后,可以使用以下方法设置日志级别,添加或删除日志处理程序。

- logger.setLevel(logging.ERROR):设置日志级别为 ERROR,只有日志级别高于或等于 ERROR 的日志才会输出。
- logger.addHandler(handler_name):为 Logger 实例添加一个日志处理程序。
- logger.removeHandler(handler_name):为 Logger 实例删除一个日志处理程序。

处理程序负责将日志发送至目标路径以显示或存储。处理程序有很多种类型,比较常用的有 3 种——StreamHandler、FileHandler、NullHandler。

StreamHandler 的创建方法如下。

```
ch = logging.StreamHandler(stream=None)
```

创建 StreamHandler 之后,可以使用以下方法设置日志级别、设置日志格式化程序、添加或删除日志过滤器。

```
ch.setLevel(logging.WARNING) # 指定日志级别,级别低于 WARNING 的日志将被忽略
ch.setFormatter(formatter_name) # 设置日志格式化程序
ch.addFilter(filter_name) # 添加日志过滤器(可以添加多个日志过滤器)
ch.removeFilter(filter_name) # 删除日志过滤器
```

过滤器用来对日志输出粒度进行控制,它可以决定输出哪些日志。创建方法如下。

```
filter = logging.Filter(name='')
```

格式化程序用来指明最终输出的日志格式,它的创建方法如下。

```
formatter = logging.Formatter(fmt=None, datefmt=None)
```

使用 Formatter 对象设置日志信息最后的规则、结构和内容,默认的时间格式为 %Y-%m-%d %H:%M:%S。Formatter 的格式如表 13-2 所示。

表 13-2 Formatter 的格式

格式	说明
%(levelno)s	输出日志级别的数值
%(levelname)s	输出日志级别的名称

格式	说明
%(pathname)s	输出当前执行的程序的路径
%(filename)s	输出当前执行的程序的文件名
%(funcName)s	输出日志的当前函数
%(lineno)d	输出日志的当前行号
%(asctime)s	输出日志的时间
%(thread)d	输出线程 ID
%(threadName)s	输出线程名称
%(process)d	输出进程 ID
%(message)s	输出日志信息

logging 模块的使用方法如下。

```
import logging

logging.basicConfig(filename='runlog.log',level=logging.DEBUG,
    format='%(asctime)s %(filename)s[line:%(lineno)d] %(levelname)s %(message)s')

logging.debug('debug')
logging.info('info')
logging.warning('warning')
logging.error('error')
logging.critical('critical')
```

输出结果如下。

```
logging.critical('critical')
2022-08-06 15:53:17,543 logging_test.py[line:14] DEBUG debug
2022-08-06 15:53:17,543 logging_test.py[line:15] INFO info
2022-08-06 15:53:17,543 logging_test.py[line:16] WARNING warning
2022-08-06 15:53:17,543 logging_test.py[line:17] ERROR error
2022-08-06 15:53:17,544 logging_test.py[line:18] CRITICAL critical
```

13.3.3　给测试用例添加日志

在本节中，我们就借助 logging 模块的相关知识，给测试用例添加日志信息。这里，我们继续在 Chapter13_1 目录下进行代码改造。

首先，在 conf 下新建 log.conf 文件，该文件的内容为日志格式的配置信息，如下所示。

```
[loggers]
keys=root,infoLogger
```

```ini
[logger_root]
level=DEBUG
handlers=consoleHandler,fileHandler

[logger_infoLogger]
handlers=consoleHandler,fileHandler
qualname=infoLogger
propagate=0

[handlers]
keys=consoleHandler,fileHandler

[handler_consoleHandler]
class=StreamHandler
level=INFO
formatter=form02
args=(sys.stdout,)

[handler_fileHandler]
class=FileHandler
level=INFO
formatter=form01
args=('../log/run.log', 'a')

[formatters]
keys=form01,form02

[formatter_form01]
format='%(asctime)s %(filename)s[line:%(lineno)d] %(levelname)s %(message)s'

[formatter_form02]
format='%(asctime)s %(filename)s[line:%(lineno)d] %(levelname)s %(message)s'
```

修改 conftest.py 文件。

```python
from appium import webdriver
from time import sleep
import pytest
from Chapter131.common.parse_yaml import parse_yaml
import os
import logging
import logging.config
import allure


# 设置 driver 方法
driver = None
data_file = os.path.join(os.path.dirname(os.getcwd()), 'config/desired_caps.yaml')
CON_LOG = os.path.join(os.path.dirname(os.getcwd()), 'config/log.conf')
logging.config.fileConfig(CON_LOG)
```

```python
logging = logging.getLogger()

# scope="function"：每个函数或方法执行一次启动和结束 driver 的操作
@pytest.fixture(scope="function")
def storm():
    global driver
    caps = parse_yaml(data_file, 'jd_caps')
    remote = parse_yaml(data_file, 'jd_remote', 'remote')
    driver = webdriver.Remote(remote, caps)
    logging.info("======== 初始化 driver 完成 ========")
    driver.implicitly_wait(10)
    yield driver
    # 休眠 1 s，然后退出 driver
    sleep(1)
    driver.quit()
    logging.info("======== 成功退出 driver========")
```

修改 operations.py 文件。

```python
from Chapter13.page.locators import *
import logging
import logging.config

# CON_LOG='log.conf'
# logging.config.fileConfig(CON_LOG)
# logging=logging.getLogger()
# from locators import *

class BasePage(object):
    # 构造基础类
    def __init__(self, driver):
        # 在初始化的时候，该类会自动运行
        self.driver = driver

class HomePageOpn(BasePage):
    # 首页元素操作
    # 单击"首页"标签
    def click_home_label(self):
        # 单击搜索框
        logging.info('========click_home_label========')
        ele = self.driver.find_element(*HomePageLocators.HomeLabel)
        ele.click()

    # 单击首页搜索框
    def click_search_box(self):
        # 单击搜索框
        logging.info('========click_search_box========')
        ele = self.driver.find_element(*HomePageLocators.SearchBox)
        ele.click()
        # ele.tap()
```

```python
        # 在新打开的搜索页面的搜索框中输入文字
        def search_goods(self, goods_name):
            # 输入书名
            logging.info('========send goods_name and search========')
            ele = self.driver.find_element(*HomePageLocators.Search)
            ele.send_keys(goods_name)

        # 在新打开的搜索页面中,单击"搜索"按钮
        def click_search_btn(self):
            # 单击"登录"按钮
            logging.info('========click_search_btn========')
            ele = self.driver.find_element(*HomePageLocators.SearchBtn)
            ele.click()

class BookPageOpn(BasePage):
    # 图书列表和详情页操作
    # 单击"京东物流"筛选商品
    def click_jd(self):
        logging.info('========click_jd_btn========')
        ele = self.driver.find_element(*BookPageLocators.JDLogistics)
        ele.click()

    # 通过单击作者元素,进入图书详情页
    def click_list_author(self, author):
        # 获取作者列表
        # 因为该元素定位与业务逻辑有关,所以搜索内容不同,定位器不同,不从locators.py读取定位器
        # ele = self.driver.find_element(*BookPageLocators.ListAuthor)
        logging.info('========click_list_author========')
        ele = self.driver.find_element(AppiumBy.ACCESSIBILITY_ID, '{}'.format
        (author))
        ele.click()

    # 单击"加入购物车"按钮
    def click_add2cart_btn(self):
        logging.info('========click_add2cart_btn========')
        ele = self.driver.find_element(*BookPageLocators.Add2CartBtn)
        ele.click()

    # 单击"返回"按钮
    def click_back_btn(self):
        logging.info('========click_back_btn========')
        ele = self.driver.find_element(*BookPageLocators.BackBtn)
        ele.click()

    # 单击"确定"按钮
    def click_ok_btn(self):
        logging.info('========click_ok_btn========')
        ele = self.driver.find_element(*BookPageLocators.OkBtn)
        ele.click()
```

```python
    # 单击"关闭"按钮
    def click_close_icon(self):
        logging.info('========click_close_icon========')
        ele = self.driver.find_element(*BookPageLocators.CloseIcon)
        ele.click()

    # 单击"收藏"按钮
    def click_collection_btn(self):
        logging.info('========click_collection_btn========')
        ele = self.driver.find_element(*BookPageLocators.CollectionBtn)
        ele.click()

    # 获取详情页中的作者信息
    def get_detail_author(self, author):
        logging.info('========click_detail_author========')
        author_info = self.driver.find_element(AppiumBy.IOS_PREDICATE, 'label == "{}"'.format(author)).text
        return author_info

    def get_detail_publish(self, publisher):
        # 先定位出版社
        logging.info('========click_detail_publish========')
        ele = self.driver.find_element(AppiumBy.ACCESSIBILITY_ID, '{}'.format(publisher))
        return ele.get_attribute('name')

class ShopCartPageOpn(BasePage):
    # 购物车页面中的元素操作
    # 单击"购物车"标签
    def click_shopcart_label(self):
        logging.info('========click_shopcart_label========')
        ele = self.driver.find_element(*ShopCartPageLocators.ShopCartLabel)
        ele.click()

    # 获取购物车中的图书名称列表
    def get_book_name_list(self):
        logging.info('========get_book_name_list========')
        eles = self.driver.find_elements(*ShopCartPageLocators.ListBookName)
        return eles

    # 获取购物车中第一本书的名称
    def get_book_name_first(self):
        logging.info('========get_book_name_first========')
        author_name = self.driver.find_element(*ShopCartPageLocators.ListBookName).get_attribute('name')
        return author_name

    # 单击"结算"按钮
    def click_settlement_btn(self):
```

```python
            logging.info('========click_settlement_btn========')
            ele = self.driver.find_element(*ShopCartPageLocators.SettlementBtn)
            ele.click()

        # 获取"提交订单"按钮是否可单击的状态
        def get_submit_btn_status(self):
            logging.info('========get_submit_btn_status========')
            ele = self.driver.find_element(*ShopCartPageLocators.SubmitBtn)
            return ele.get_attribute('enabled')

class PersonPageOpn(BasePage):
    # 个人页面元素操作
    # 单击"我的"标签
    def click_person_label(self):
        logging.info('========click_person_label========')
        ele = self.driver.find_element(*PersonPageLocators.PersonLabel)
        ele.click()

    # 单击"收藏"按钮
    def click_product_collection(self):
        logging.info('========click_product_collection========')
        ele = self.driver.find_element(*PersonPageLocators.ProductCollection)
        ele.click()

class CollectionPageOpn(BasePage):
    # 商品收藏页面中的元素操作

    # 将所有商品名保存为列表
    def get_collect_bookname_list(self, book_name):
        logging.info('========get_collect_bookname_list========')
        eles = self.driver.find_elements(AppiumBy.IOS_PREDICATE, 'label CONTAINS "{}"'.format(book_name))
        return eles

    # 返回第一个收藏的商品
    def get_collect_goods_first(self, book_name):
        logging.info('========get_collect_goods_first========')
        first_goods = self.driver.find_element(AppiumBy.IOS_PREDICATE, 'label CONTAINS "{}"'.format(book_name))
        return first_goods

    # 单击"取消收藏"按钮
    def click_uncollect(self):
        logging.info('========click_uncollect========')
        ele = self.driver.find_element(*CollectionPageLocators.UncollectBtn)
        ele.click()
```

修改 test_1_1_home_search.py 文件。

```python
import pytest
from Chapter13.common.parse_csv import parse_csv
```

```python
from Chapter13.page.scenarios import *
from Chapter13.page.operations import *
import os

# os.getcwd() 用于获取当前文件所在目录的路径
# os.path.dirname(os.getcwd()) 用于获取当前文件所在目录的上一级目录
# os.path.join(os.path.dirname(os.getcwd()),'data/xxx.csv') 用于拼接数据文件及目录
data_file = os.path.join(os.path.dirname(os.getcwd()),'data/test_1_1_home_search.csv')

@pytest.mark.parametrize(("book_name", "author", "target", "publisher"), parse_csv(data_file))
class TestHomeSearch(object):
    """
    测试首页的搜索功能
    """
    @pytest.mark.L1
    def test_search(self, book_name, author, target, publisher, storm):
        GoodsScenario().search_goods(book_name, author, storm)
        # 向上滑动屏幕
        storm.execute_script('mobile: swipe', {'direction': 'up'})
        # 将作者信息保存到 ele_txt 变量中
        logging.info("将作者信息保存到 ele_txt 变量中")
        ele_txt = BookPageOpn(storm).get_detail_author(author)
        print('作者信息:{}'.format(ele_txt))
        # 断言一:判断搜索出来的作者信息是否为预期作者信息
        assert target in ele_txt
        # 断言二:出版社
        logging.info("将出版社信息保存到变量 publisher_1 变量中")
        publisher_1 = BookPageOpn(storm).get_detail_publish(publisher)
        print('出版社信息:{}'.format(publisher_1))
        assert publisher_1 in publisher

if __name__ == '__main__':
    pytest.main(["-s"])
```

其他测试用例的修改方式与上述方式相同,这里不赘述。

运行测试用例,我们可以看到在 log 目录下生成了一个日志文件,该日志文件的内容如下。

```
'2023-07-29 14:59:52,107 conftest.py[line:51] INFO ========初始化 driver 完成========'
'2023-07-29 14:59:52,134 operations.py[line:30] INFO ========click_search_box========'
'2023-07-29 14:59:53,761 operations.py[line:38] INFO ========send goods_name and search========'
'2023-07-29 14:59:55,153 operations.py[line:45] INFO ========click_search_btn========'
'2023-07-29 14:59:56,686 operations.py[line:54] INFO ========click_jd_btn========'
'2023-07-29 15:00:17,855 operations.py[line:63] INFO ========click_list_author========'
'2023-07-29 15:00:32,655 test_1_1_home_search.py[line:23] INFO 将作者信息保存到 ele_txt
```

变量中'
'2023-07-29 15:00:32,657 operations.py[line:99] INFO ========click_detail_author========'
'2023-07-29 15:00:33,522 test_1_1_home_search.py[line:29] INFO 将出版社信息保存到变量publisher_1变量中'
'2023-07-29 15:00:33,522 operations.py[line:105] INFO ========click_detail_publish========'
'2023-07-29 15:00:36,378 conftest.py[line:57] INFO ======== 成功退出driver========'

至此，我们已经为测试框架增加了日志功能，测试框架得到了进一步完善。

13.4 添加失败截图功能

在本节中，我们基于屏幕截图功能，为测试框架添加失败截图功能。

Pytest 提供了 pytest_runtest_makereport() 方法，使用该方法可以捕获测试用例的执行结果。根据官方提供的示例，在 conftest.py 文件中添加如下代码就可以捕获每个测试用例的执行结果。

```
@pytest.hookimpl(tryfirst=True, hookwrapper=True)
def pytest_runtest_makereport(item, call):
    outcome = yield
    rep = outcome.get_result()  # rep 用于捕获测试用例的执行结果详情
```

添加上面这段代码后，每条测试用例执行完成都会执行一次 pytest_runtest_makereport() 方法，我们可以根据不同目的自行编写代码。我们这次要做的是在测试用例执行失败时截图，并将截图添加到 Allure 测试报告中。

下面的代码是添加失败截图的代码。

```
@pytest.hookimpl(tryfirst=True, hookwrapper=True)
def pytest_runtest_makereport(item, call):
    '''
    hook pytest 失败
    :param item:
    :param call:
    :return:
    '''
    outcome = yield
    rep = outcome.get_result()
    if rep.when == "call" and rep.failed:
        mode = "a" if os.path.exists("failures") else "w"
        with open("failures", mode) as f:
            if "tmpdir" in item.fixturenames:
```

```python
            extra = " (%s)" % item.funcargs["tmpdir"]
        else:
            extra = ""
        f.write(rep.nodeid + extra + "\n")
    # pic_info = adb_screen_shot()
    with allure.step('添加失败截图...'):
        allure.attach(driver.get_screenshot_as_png(), "失败截图", allure.
            attachment_type.PNG)
```

说明如下。

- 在 allure.attach(body, name, attachment_type, extension) 中，body 为附件的内容，name 为附件名，attachment_type 为附件类型，extension 为扩展名。
- driver 为 WebDriver 对象，代表测试用例执行中使用的浏览器。

只有在测试用例执行失败的情况下才会执行截图操作。注意，实现截图的这部分代码与 Pytest 没有任何关系，你可以根据需要添加任何其他的代码。

元素定位器、元素操作、业务场景文件和测试用例文件都不用修改，只需执行测试即可。假如在测试用例执行过程中出现执行失败的情况，就会自动截图，并将截图保存到 result 目录，将截图和 Allure 报告关联起来。失败截图的效果如图 13-4 所示。

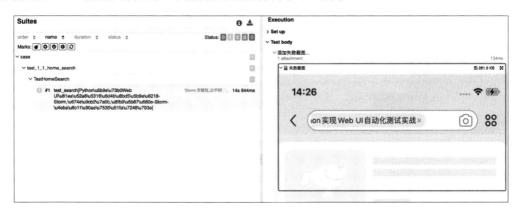

图 13-4　失败截图的效果

借助日志和失败截图，我们能够快速定位问题。

13.5　添加显式等待功能

在本节中，我们将对 Selenium 提供的元素定位方法进行二次封装，这样做的目的是在元素定位中添加显式等待的功能。

在本节中,我们继续在 Chapter13 目录下进行代码修改。

对 operations.py 文件的修改如下。

```python
from selenium.webdriver.support.ui import WebDriverWait
from Chapter13.page.locators import *
import logging, os
import logging.config
from selenium.webdriver.support.ui import WebDriverWait
from selenium.webdriver.support import expected_conditions as EC

class BasePage(object):
    # 构造基础类
    def __init__(self, driver):
        # 在初始化的时候,会自动运行
        self.driver = driver

    def get_visible_element(self, locator, timeout=10):
        """
        获取可视元素
        param locator: 使用 By 方法定位元素,如 (By.XPATH, "//[@class='FrankTest']")
        return: 返回可见元素
        """
        try:
            return WebDriverWait(self.driver, timeout).until(EC.visibility_of_
            element_located(locator))
        except Exception as e:
            # 若元素定位失败,输出 " 元素定位失败 " 的日志
            logging.error(' 元素定位失败 ')

    def get_presence_element(self, locator, timeout=10):
        """ 获取存在元素 """
        try:
            return WebDriverWait(self.driver, timeout).until(EC.presence_of_
            element_located(locator))
        except Exception as e:
            logging.error(' 元素定位失败 ')

    def get_clickable_element(self, locator, timeout=10):
        """ 获取可单击元素 """
        try:
            ele = WebDriverWait(self.driver, timeout).until(EC.presence_of_
            element_located(locator))
            return ele
        except Exception as e:
            logging.error(' 元素定位失败 ')

    def get_elements(self, locator, timeout=10):
```

```python
        """ 定位组元素 """
        try:
            elements = WebDriverWait(self.driver, timeout).until(EC.presence_of_
                all_elements_located(locator))
            return elements
        except Exception as e:
            # 若定位元素失败，输出 " 元素定位失败 " 的日志
            logging.error(' 组元素定位失败 ')

class HomePageOpn(BasePage):
    # 单击 " 首页 " 标签
    def click_home_label(self):
        # 单击搜索框
        logging.info('========click_home_label========')
        # ele = BasePage(self.driver).get_presence_element(HomePageLocators.HomeLabel)
        ele = BasePage(self.driver).get_presence_element(HomePageLocators.HomeLabel)
        ele.click()

    # 单击首页中的搜索框
    def click_search_box(self):
        # 单击搜索框
        logging.info('========click_search_box========')
        # ele = BasePage(self.driver).get_presence_element(HomePageLocators.SearchBox)
        ele = BasePage(self.driver).get_presence_element(HomePageLocators.SearchBox)
        ele.click()
        # ele.tap()

    # 在新打开的搜索页面的搜索框中输入文字
    def search_goods(self, goods_name):
        # 输入书名
        logging.info('========send goods_name and search========')
        ele = BasePage(self.driver).get_presence_element(HomePageLocators.Search)
        ele.send_keys(goods_name)

    # 在新打开的搜索页面中，单击 " 搜索 " 按钮
    def click_search_btn(self):
        # 单击 " 登录 " 按钮
        logging.info('========click_search_btn========')
        ele = BasePage(self.driver).get_presence_element(HomePageLocators.SearchBtn)
        ele.click()

class BookPageOpn(BasePage):
    # 单击 " 京东物流 " 筛选商品
    def click_jd(self):
        logging.info('========click_jd_btn========')
        logging.info(BookPageLocators.JDLogistics)
            ele = BasePage(self.driver).get_presence_element(BookPageLocators.
                JDLogistics)
```

```python
        ele.click()

    # 通过单击作者元素,进入图书详情页
    def click_list_author(self, author):
        # 获取作者列表
        # 因为该元素定位与业务逻辑有关,所以搜索内容不同,定位器不同,不从locators.py读取定位器
        # ele = BasePage(self.driver).get_presence_element(BookPageLocators.
        # ListAuthor)
        logging.info('========click_list_author========')
        # 下面两种元素定位方式都可以使用
        # ele = BasePage(self.driver).get_presence_element(('accessibility id',
        # '{}'.format(author)))
        ele = BasePage(self.driver).get_presence_element((AppiumBy.ACCESSIBILITY_
ID, '{}'.format(author)))
        ele.click()

    # 单击"加入购物车"按钮
    def click_add2cart_btn(self):
        logging.info('========click_add2cart_btn========')
        ele = BasePage(self.driver).get_presence_element(BookPageLocators.Add2CartBtn)
        ele.click()

    # 单击"返回"按钮
    def click_back_btn(self):
        logging.info('========click_back_btn========')
        ele = BasePage(self.driver).get_presence_element(BookPageLocators.BackBtn)
        ele.click()

    # 单击"确定"按钮
    def click_ok_btn(self):
        logging.info('========click_ok_btn========')
        ele = BasePage(self.driver).get_presence_element(BookPageLocators.OkBtn)
        ele.click()

    # 单击"关闭"按钮
    def click_close_icon(self):
        logging.info('========click_close_icon========')
        ele = BasePage(self.driver).get_presence_element(BookPageLocators.CloseIcon)
        ele.click()

    # 单击"收藏"按钮
    def click_collection_btn(self):
        logging.info('========click_collection_btn========')
        ele = BasePage(self.driver).get_presence_element(BookPageLocators.CollectionBtn)
        ele.click()

    # 获取详情页中的作者信息
    def get_detail_author(self, author):
```

```python
        logging.info('========get_detail_author========')
        author_info = BasePage(self.driver).get_presence_element((AppiumBy.IOS_
            PREDICATE, 'label == "{}"'.format(author))).text
        return author_info

    def get_detail_publish(self, publisher):
        # 先定位出版社
        logging.info('========get_detail_publish========')
        ele = BasePage(self.driver).get_presence_element((AppiumBy.ACCESSIBILITY_
            ID, '{}'.format(publisher)))
        return ele.get_attribute('name')

class ShopCartPageOpn(BasePage):
    # 单击"购物车"标签
    def click_shopcart_label(self):
        logging.info('========click_shopcart_label========')
        ele = BasePage(self.driver).get_presence_element(ShopCartPageLocators.
            ShopCartLabel)
        ele.click()

    # 获取购物车中图书名称列表
    def get_book_name_list(self):
        logging.info('========get_book_name_list========')
        eles = BasePage(self.driver).get_elements(ShopCartPageLocators.ListBookName)
        return eles

    # 获取购物车中第一本书的名称
    def get_book_name_first(self):
        logging.info('========get_book_name_first========')
        author_name = BasePage(self.driver).get_presence_
            element(ShopCartPageLocators.ListBookName).get_attribute('name')
        return author_name

    # 单击"结算"按钮
    def click_settlement_btn(self):
        logging.info('========click_settlement_btn========')
        ele = BasePage(self.driver).get_presence_element(ShopCartPageLocators.
            SettlementBtn)
        ele.click()

    # 获取"提交订单"按钮是否可单击的状态
    def get_submit_btn_status(self):
        logging.info('========get_submit_btn_status========')
        ele = BasePage(self.driver).get_presence_element(ShopCartPageLocators.SubmitBtn)
        return ele.get_attribute('enabled')

class PersonPageOpn(BasePage):
    # 单击"我的"标签
```

```python
    def click_person_label(self):
        logging.info('========click_person_label========')
        ele = BasePage(self.driver).get_presence_element(PersonPageLocators.PersonLabel)
        ele.click()

    # 单击"收藏"按钮
    def click_product_collection(self):
        logging.info('========click_product_collection========')
        ele = BasePage(self.driver).get_presence_element(PersonPageLocators.
        ProductCollection)
        ele.click()


class CollectionPageOpn(BasePage):

    # 将所有商品名保存为列表
    def get_collect_bookname_list(self, book_name):
        logging.info('========get_collect_bookname_list========')
        value = 'label CONTAINS "{}"'.format(book_name)
        eles = BasePage(self.driver).get_elements((AppiumBy.IOS_PREDICATE, '{}'.
        format(value)))
        return eles

    # 返回第一个收藏的商品
    def get_collect_goods_first(self, book_name):
        logging.info('========get_collect_goods_first========')
        # first_goods = BasePage(self.driver).get_presence_element((AppiumBy.
        ACCESSIBILITY_ID, '{}'.format(publisher)))
        value = 'label CONTAINS "{}"'.format(book_name)
        first_goods = BasePage(self.driver).get_presence_element((AppiumBy.IOS_
        PREDICATE, '{}'.format(value)))
        return first_goods

    # 单击"取消收藏"按钮
    def click_uncollect(self):
        logging.info('========click_uncollect========')
        ele = BasePage(self.driver).get_presence_element(CollectionPageLocators.
        UncollectBtn)
        ele.click()
```

简单对上面的代码进行解释。

- 在 BasePage(object) 类中，定义了 get_visible_element()、get_presence_element()、get_clickable_element() 和 get_elements() 方法，它们分别用来查找并返回可见元素、查找并返回存在的元素、查找并返回可单击元素和查找并返回组元素。这 4 个方法和 Appium（Selenium）中定位元素的 API 方法有什么不同呢？你可以看到，这里添加了显式等待的方法。这就意味着，我们在定位元素的前一步，自动执行显式等待。

- 元素操作类（如 HomePageOpn（BasePage））使用封装好的元素定位方法，不再使用 Appium 的原始定位方法。
- click_list_author(self, author) 方法的元素定位器与业务有关，因此并没有从 locators.py 读取定位器，而直接传递定位器，而该定位器需要使用圆括号进行标识，请注意观察下方代码。这与显式等待的参数传递形式有关。

```
ele = BasePage(self.driver).get_presence_element((AppiumBy.ACCESSIBILITY_ID,
'{}'.format(author)))
```

我们只修改了 operations.py 文件的代码，并未修改其他文件的代码。

最后，请尝试运行代码，修改后的代码仍然可以运行成功。

第14章
与君共勉

在前面,我们一步步完成了自动化测试框架的搭建,该框架本身有着丰富的功能,能够满足大多数的场景需要,可以作为我们学习自动化测试一个阶段性的成功。未来,你还可以研究 Jenkins 持续集成,将自动化测试加入公司的 DevOps 链条中。本章探讨测试数据、提升效率的方法和模拟机与真机的异同。

14.1 测试数据

在自动化测试过程中，我们避免不了和测试数据打交道。例如，在前面编写的第一条测试用例的图书详情中，图书的名称、作者、出版社信息就是测试数据；在第 2～4 条测试用例中，同样有测试数据，甚至默认登录的账号都是测试数据。本节讨论与测试数据相关的问题。

14.1.1 测试数据准备

如何准备自动化测试中要用到的测试数据？从测试数据是否会被消耗的角度来说，测试数据可以分为两类：一类是重复利用型数据，另一类是消耗型数据。一般来说，针对这两类不同的数据，我们有不同的准备方式。

1. 重复利用型数据

重复利用型数据，指的是测试过程中不会被消耗的测试数据。例如，测试登录功能时用的用户名、密码等。针对这类测试数据，我们可以采用灵活的方式来准备。通常来说，如果简单创建一次数据，该数据就可反复使用，那么我们完全可以采用手动的方式来创建。假如需要模拟多条数据使页面出现分页的场景，就可以通过自动化的手段来辅助创建数据。可以借助 UI 自动化、调用接口和执行 SQL 语句来创建数据。总之，辅助创建数据的手段很多。

对于这种可以重复利用的数据，为什么不实时创建呢？主要原因如下。
- 降低依赖性。假如我们在测试登录的时候，采用实时创建用户的方式，那么要顺利执行用户登录，就依赖于"用户创建"功能。假如"用户创建"功能出现缺陷，则会影响其他测试用例的执行。因此，我们要尽量降低测试用例或测试脚本间的依赖性。
- 提高测试执行效率。虽然"用户创建"功能一直可用，但是每次验证登录功能都创建用户，就会增加测试用例执行的时间，降低测试用例执行的效率。

总之，对于重复利用型数据，我们可以通过各种方式，提前将数据准备好，这样既能够降低用例或脚本间的依赖性，也能提高测试执行效率。

2. 消耗型数据

什么是消耗型数据？假如我们要验证"删除商品"功能，购物车中的商品就可称为消耗型数据。因为每次自动化测试运行完成，都会删除购物车中的一件商品。因此，假如我们要验证"删除商品"功能，采用实时创建的方式准备测试数据就会非常合适。

14.1.2 冗余数据处理

在第 11 ～ 13 章中，我们编写的测试用例中有将商品加入购物车的步骤。当自动化测试执行多次之后，App 的购物车中就会出现多件商品。一旦 App 对添加商品进行了数量限制，某次执行测试用例以添加商品时就会失败。总之，在自动化测试过程中，创建的无用数据最好及时删除，从而避免对测试环境造成"污染"。

要处理自动化测试创建的数据，一般来说有实时删除和人工干预两种方案。

1. 实时删除

以添加商品为例，在验证完可以成功添加商品后，我们就可以将加入购物车的商品删除。因为后续要验证商品结算功能，我们是通过实时创建方式准备购物车中的商品的。这个时候，推荐在 teardown 部分放置删除缺陷的代码。这样在代码运行的时候，既可以完成对添加商品到购物车功能的验证，又可以通过 teardown 部分删除购物车中商品的测试脚本，实现将新增商品删除的效果，从而避免对测试环境造成"污染"。

上面的思路没有问题。不过，在实际项目中，你可能还会遇到这种场景：某业务只提供新建和停用功能，无法通过 UI 自动化的方式删除创建的数据。遇到这种场景，我们就需要根据实际情况进行分析。例如，在项目中可以创建多个公司，若每个公司的数据是相对隔离的，就可以单独给自动化测试创建一个公司，这样便不会影响功能测试人员的使用；或者，可能需要进行人工干预。

2. 人工干预

若系统的某业务不提供删除功能或者自动删除测试数据的测试脚本执行失败等，我们就需要不定期地对数据进行人工干预。例如，可以通过执行 SQL 语句清除数据库表中的数据。

总之，测试数据的准备和清除是自动化测试绕不开的问题，大家需要结合自己公司的实际业务和具体场景，采取合理的手段，提前准备，正确应对。

14.2 提升效率

在自动化测试初期,我们更多关注开发测试用例的投入产出比,测试用例的灵活性、稳定性、可扩展性等。随着测试用例的数量越来越多,执行的时间越来越久,如何提高自动化测试执行效率成为我们需要关注的另一个问题。

本节从理论上介绍一些提高自动化测试执行效率的手段,供大家参考。

1. 战略层面

立足战略。战略侧重"略",是指一种有指导意义的全局性的规划和策略,也指一种长期的方略。在自动化测试领域,在战略上,要明确自动化测试扮演的角色、要达成的目标,以及接口自动化测试的界限。

自动化测试用于集成在公司 DevOps 平台中,实现迭代版本合并前的自动检验。

每个迭代版本都必须经过自动化测试,一旦发现问题,则不允许发布,从而达到预防的目标。

UI 自动化测试主要用来发现前端代码错误导致的缺陷;接口自动化测试主要用来发现服务器端代码错误导致的缺陷。

2. 战术层面

明确战术。战术侧重"术",术是方法的意思。在自动化测试工作中,需要考虑的战术如下。

- 自动化测试覆盖的内容。明确自动化测试应该覆盖哪些内容,缩减自动化测试用例的数量,将自动化测试用例的数量控制在一定的量级,这是提高自动化测试执行效率的根本。
- 自动化测试执行的策略。明确自动化测试执行的策略,将测试用例"分门别类",明确哪些是代码合并前需要执行的,哪些是日常执行的,哪些是回归测试执行的,哪些是上线前执行的,不同类型的测试用例对应不同的执行策略,专门的测试用例应对专门的需求,以便提高自动化测试的执行效率。

3. 战技层面

训练战技。战技是指战斗中使用的技巧。在自动化测试中,无论是框架的封装,还是测试脚本的编写，都要运用一定的技巧。一般来说，应该注意的技巧如下。

- 框架的合理设计。确定是单线程执行，还是多线程执行。
- conftest.py 的 mode 是否可以使用 session 或 class 级别。减少 App 的启动和关闭次数，能缩短测试用例的执行时间。不过这需要考虑测试用例之间的页面衔接问题。
- 合理规划测试用例的逻辑，即抽离测试用例中的同类操作，在某个业务场景中一次性处理这些操作。本书中的 4 条测试用例都包括"搜索图书，进入图书详情页"的操作，而这部分操作几乎占用了一半的测试用例执行时间，如果能一次性处理完"加入购物车""收藏"等必要操作，就能为测试用例的执行节省很多时间。
- 合理选择操作步骤。在准备阶段，我们要选择尽量少的操作来实现同样的效果，例如搜索图书并将图书加入购物车的操作。我们可以在搜索图书后，单击目标图书进入图书详情页，再单击"加入购物车"按钮，如果需要选择具体参数，就还需要单击"确定"按钮；我们也可以选择搜索图书后，直接在目标图书元素上左滑，然后单击"加入购物车"按钮，完成加购操作。更少的操作步骤通常意味着更短的执行时间。
- 合理使用等待。尽量避免使用 sleep()，少用隐式等待，多用显式等待。

14.3 模拟器与真机的异同

本节讨论自动化测试中使用模拟器和真机的异同。

在模拟器上进行测试的优点如下。

- 节省成本，通过简单的设置就可以模拟各种版本、各种分辨率的终端。
- 模拟器一般默认开启 Root 权限，方便调试。
- 不用担心毁坏手机系统。

在模拟器上进行测试的缺点如下。

- 模拟器不是真正的手机，只能提供与真机相似的功能。
- 模拟器无法模拟不同厂商的终端系统，这意味着在模拟器上运行正常的软件，在真机上运行时可能会出错，这也是真机云测厂商存在的意义。
- 模拟器本身的稳定性较差。
- 不同厂商的模拟器支持的功能不同。

在真机上进行测试的优点如下。

- 真机的性能一般较好。
- 真机上测试的结果更加真实。

在真机上进行测试的缺点如下。

- 不同的真机具有不同的环境，例如，温度不同，安装的软件不同。
- 测试期间真机可能会出现各种各样的问题，例如，来电、电池电量弹窗、屏幕锁定等，导致测试中断。
- 使用真机的成本更高。
- 不同真机的分辨率不同，如果在测试用例中基于固定坐标单击，更换不同分辨率的真机可能会导致测试脚本执行失败。

如果公司或项目组条件允许，建议使用真机开展自动化测试。需要注意的是，真机的性能要相对较好。如果条件不允许，性能较好的模拟器也是一个不错的选择。

附录 A　App 的相关知识

IPA 文件是 iOS App 的安装包；能否正确打包 IPA 文件，是决定 IPA 文件上传到蒲公英平台后能否正确安装的关键。可以把 IPA 文件理解为 Android 中的 APK 文件，它们的原理是相似的。

对于一个未在应用商店中上线的 App，如果开发者需要将其安装到某些用户的设备上，就需要将 App 导出为这些设备可以直接安装的安装包。安装包能否正确导出，是决定 App 能否正确安装到设备上的关键因素。其中，最关键的一个因素是导出安装包时 App 所使用的证书（即签名方式）。开发者可以选择即席和内部两种签名方式来导出 App 安装包。

具体使用哪种方式，取决于开发者拥有的苹果开发者账号的类型。例如：如果开发者拥有的是个人账号，则可以使用即席方式；如果开发者拥有的是企业账号，则可以使用内部方式。苹果开发者的账号类型及其支持的证书类型如图 A-1 所示。

账号类型	价格/美元	是否可以发布到应用商店？	是否可以通过蒲公英安装？	支持的安装设备数量	申请条件	证书类型
个人账号	99	可以	可以	100	无限制	即席，应用商店
公司账号	99	可以	可以	100	DUNS编码	即席，应用商店
企业账号	299	不可以	可以	无限制	DUNS编码	即席，内部
教育账号	0	可以	可以	100	教育机构	即席，应用商店

图 A-1　苹果开发者的账号类型及其支持的证书类型

UDID 是由字母和数字组成的 40 个字符串的序号，用来区分每一个 iOS 设备，包括 iPhone、iPad 和 iPod touch。UDID 看起来是随机的，实际上是与硬件设备的特点相联系的。一个典型的 UDID 如下所示。

```
37f2f993bae681636e30e74b04d6b8955ba36f29
```

应该怎么获取 iOS 设备的 UDID 呢？ UDID 可以用 iTunes、Xcode 或者 idevice_id --list 命令获取。

附录 B　元素定位工具

Android 和 iOS 常用的元素定位工具如表 B-1 所示。

表 B-1　Android 和 iOS 常用的元素定位工具

工具	支持的平台	说明
Inspector	Android native、iOS native	官方提供的元素定位工具，采用命令行安装时没有该工具
app-inspector	Android native、iOS native	阿里巴巴开源的 Macaca 框架带的工具，可以单独安装，安装命令为 npm install -g app-inspector
uiautomatorviewer	Android native	Android SDK 自带的工具
Chrome Inspect	Android webview、iOS webview	Android webview 可以直接使用，iOS webview 需要安装 ios-webkit-debug-proxy 并且通过 ios_webkit_debug_proxy -f chrome-devtools://devtools/bundled/inspector.html 启动和使用

附录 C iOS 可用的 Capabilities

iOS 可用的 Capabilities 如表 C-1 所示。

表 C-1　iOS 可用的 Capabilities

Capabilities	值的类型	是否必传	说明
platformName	string	是	平台名称，承载 App 或浏览器的平台类型
platformVersion	string	否	平台版本，承载 App 或浏览器的平台操作系统版本，如 iOS 16.0
deviceName	string	模拟器测试必传	用来执行自动化测试的设备名称，如 iPhone 14（仅在 iOS 模拟器中使用这种方式指定设备，在其他机器中，通过 udid 参数指定设备）
udid	string	真机测试必传	用来执行测试的真机的 UDID；当进行真机测试时，必须传递该参数
bundleId	string	真机测试必传	iOS App 的唯一标识；如果在真机上进行测试，通过该参数指定被测 App
noReset	boolean	否	如果为 True，则指示 Appium 驱动程序在会话启动和清理期间避免其通常的重置逻辑（默认为 False）
fullReset	boolean	否	删除所有模拟器文件夹，默认为 False
app	string	使用 App 文件必传	要执行自动化测试的 App，传递 App 文件（计算机上的路径 + 文件名）
orientation	string	否	仅支持模拟器，用于设置横屏或竖屏。LANDSCAPE 用于设置横屏。PORTRAIT 用于设置竖屏
autoWebview	boolean	否	自动转换到 Webview 上下文，默认为 False
launchTimeout	int	否	在 Appium 运行失败前设置一个等待时间，单位为 ms
autoAcceptAlerts	boolean	否	当警告弹出时，会自动单击"接受"按钮，包括隐私（如位置、联系人、图片等）访问权限的警告。默认为 False，不支持基于 XCUITest
autoDismissAlerts	boolean	否	当警告弹出时，会自动单击取消，包括隐私访问权限的警告。默认为 False，不支持基于 XCUITest

续表

Capabilities	值的类型	是否必传	说明
showIOSLog	boolean	否	是否在 Appium 日志中显示从设备捕获的任何日志，默认为 False
locationServicesEnabled	boolean	否	仅支持模拟器，强制打开或关闭定位服务，默认为保持当前模拟器的设定
locationServicesAuthorized	boolean	否	仅支持模拟器，通过修改 plist 文件设定是否允许 App 使用定位服务，从而避免定位服务的警告出现
calendarFormat	string	否	仅支持模拟器，为 iOS 模拟器设置日历格式，如 gregorian

附录 D　常用运算符

常用运算符主要分为 4 类，如表 D-1 所示。

表 D-1　常用运算符

运算符分类	运算符	说明
比较运算符	==	等于
	>	大于
	>=	大于或等于
	<	小于
	<=	小于或等于
	<>	不等于
	!=	不等于
逻辑运算符	AND	逻辑与
	&&	逻辑与
	OR	逻辑或
	||	逻辑或
	NOT	逻辑非
	!	逻辑非
字符串相关运算符	BEGINSWITH	以……开头
	ENDSWITH	以……结尾
	CONTAINS	包含……
	LIKE	类似……
	MATCHES	正则匹配
集合运算符	ANY	匹配集合中任意元素
	SOME	匹配集合中一些元素
	ALL	匹配集合中全部元素
	NONE	不匹配集合中全部元素
	IN	在集合中
	BETWEEN	在集合范围内

注意，在 BEGINSWITH、ENDSWITH 和 CONTAINS 运算符后面还可以加上 [c]，实现忽略大小写的效果，读者不妨一试。

附录 E　IOS_PREDICATE 定位方式扩展

在 iOS 的 UI 自动化测试中，使用原生支持的 Predicate 定位方式是最好的，这种方式可支持元素的单个属性和多个属性定位。属性值还可以使用精确和模糊匹配，推荐使用这些方式。

使用单个或多个元素属性定位的示例如下。

```
find_element(AppiumBy.IOS_PREDICATE, "value == 'ClearEmail'")
find_element(AppiumBy.IOS_PREDICATE, "type == 'XCUIElementTypeButton' AND value == 'ClearEmail'")
```

多个属性可以使用运算符 AND 连接。

Predicate 定位方式支持比较运算符 >、<、==、>=、<=、!=，它们可用于数值和字符串的比较。示例如下。

```
find_element(AppiumBy.IOS_PREDICATE, "value>100")
find_element(AppiumBy.IOS_PREDICATE, "value != 'ClearEmail'")
```

Predicate 定位方式支持范围运算符 IN、BETWEEN，它们可用于数值和字符串的范围核对。示例如下。

```
find_element(AppiumBy.IOS_PREDICATE, "value BETWEEN {1,6}")
find_element(AppiumBy.IOS_PREDICATE, "value IN {'Clear','Email'}")
```

注意，value 必须小写，范围运算符 IN、BETWEEN 可以小写或大写。

使用字符串运算符 CONTAINS、BEGINSWITH、ENDSWITH 匹配属性值的示例如下。

```
# 某个属性的值包含某个字符串
find_element(AppiumBy.IOS_PREDICATE, "value CONTAINS 'Email'")
# 某个属性的值以某个字符串开头
find_element(AppiumBy.IOS_PREDICATE, "value BEGINSWITH 'Clear'")
# 某个属性的值以某个字符串结尾
find_element(AppiumBy.IOS_PREDICATE, "value ENDSWITH '@163.mail'")
# 可以在运算符后加上 [c]，忽略字母大小写
"value CONTAINS [c] 'Email'"
# 和下方代码的效果相同
"value CONTAINS 'email'"
```

通配符 "?" 代表一个字符，* 代表多个字符，若一个元素的 value 属性为 ClearEmail，则可以使用如下匹配方式。

```
find_element(AppiumBy.IOS_PREDICATE, "value LIKE 'Clear?mail'")
find_element(AppiumBy.IOS_PREDICATE, "value LIKE 'Clear*'")
```

如果一个元素的 value 属性为 ClearEmail，则可以使用正则表达式匹配属性值，示例如下。

```
# 这里以C字符开头，中间有一些字符，以l字符结尾进行正则匹配
find_element(AppiumBy.IOS_PREDICATE, "value MATCHES '^C.+l$'")
```

最后，如果要获取一组属性相同的元素，则需要使用 find_elements(AppiumBy.IOS_PREDICATE, "")。

附录 F　XPath 的相关知识

XPath 路径表达式如表 F-1 所示。

表 F-1　XPath 路径表达式

表达式	说明
/	从根节点选取
//	从匹配选择的当前节点中选择文档中的节点，而不考虑它们的位置
nodename	选取此节点的所有子节点
.	选取当前节点
..	选取当前节点的父节点
@	选取属性

XPath 常用匹配符如表 F-2 所示。

表 F-2　XPath 常用匹配符

常用匹配符	说明
*	匹配任何元素节点
@*	匹配任何属性节点
node()	匹配任何类型的节点

XPath 轴可定位相对于当前节点的节点集，语法格式如下。

轴名称::节点测试[谓语]

XPath 轴如表 F-3 所示。

表 F-3　XPath 轴

轴名称	说明
ancestor	选取当前节点的所有先辈（父、祖父等）节点
ancestor-or-self	选取当前节点的所有先辈（父、祖父等）节点和当前节点本身
attribute	选取当前节点的所有属性
child	选取当前节点的所有子元素
descendant	选取当前节点的所有后代（子、孙等）元素
descendant-or-self	选取当前节点的所有后代（子、孙等）元素和当前节点本身

续表

轴名称	说明
following	选取文档中当前节点的结束标签之后的所有节点
namespace	选取当前节点的所有命名空间节点
parent	选取当前节点的父节点
preceding	选取文档中当前节点的开始标签之前的所有节点
preceding-sibling	选取当前节点之前的所有同级节点
following-sibling	选取当前节点之后的所有同级节点
self	选取当前节点

示例代码如下。

```
xpath=//XCUIElementTypeStaticText[@name=" 登录 / 注册 "]/preceding-sibling::XCUIEleme
ntTypeButton[1]
```

上面的代码用于获取属性为 name=" 登录 / 注册 " 的元素的同级节点中第一个 XCUIElementTypeButton 元素。

更多示例如表 F-4 所示。

表 F-4 更多示例

示例	说明
child::book	选取所有属于当前节点的子元素的 book 节点
attribute::lang	选取当前节点的 lang 属性
child::*	选取当前节点的所有子元素
attribute::*	选取当前节点的所有属性
child::text()	选取当前节点的所有文本子节点
child::node()	选取当前节点的所有子节点
descendant::book	选取当前节点的所有 book 后代节点
ancestor::book	选择当前节点的所有 book 先辈节点
ancestor-or-self::book	选取当前节点的所有 book 先辈节点和当前节点（如果此节点是 book 节点）
child::*/child::price	选取当前节点的所有 price 孙节点

附录 G 常用元素的类型及属性

在 XCUITest 中，苹果为构成视图层次结构的 UI 元素提供了不同的类名。例如，XCUIElementTypeButton 表示按钮类型元素。在自动化测试过程中，从元素结构视图我们可以看到下面这些常用的元素类型。

- XCUIElementTypeApplication：App，一般位于根节点。
- XCUIElementTypeWindow：窗口，该类型元素可以包含按钮、文字，用于布局。
- XCUIElementTypeStatusBar：状态栏。
- XCUIElementTypeOther：自定义类型。
- XCUIElementTypeCollectionView：集合视图。
- XCUIElementTypeCell：单元格。
- XCUIElementTypeTable：表格。
- XCUIElementTypeStaticText：文本。
- XCUIElementTypeButton：按钮。

每个元素都有不同的属性，常用属性如下。

- type：元素类型，如 XCUIElementTypeButton，它的作用与 className 的作用一致
- value：元素值。
- name：元素的文本内容，如 ClearEmail，可用于 ACCESSIBILITY_ID 定位。
- label：元素标记，绝大多数情况下，它的作用与 name 的作用一致。
- enabled：判断元素是否可单击，一般值为 True 或者 False。
- visible：判断元素是否可见，一般值为 True 或者 False。

附录 H 在 macOS 设备中安装 Java

在 macOS 设备中安装 Java 的基本流程如下。

首先，检查当前 macOS 设备上是否已安装 Java。在安装 Java 之前，用户应该检查自己的 macOS 设备上是否已经安装了 Java。用户可以按照以下步骤检查。

（1）在"应用程序"文件夹中找到"实用工具"文件夹，从中找到"终端"并双击，打开"终端"。

（2）在 Terminal 中，输入以下命令，并按 Enter 键。

```
java -version
```

如果已安装 Java，将显示 Java 版本号。如果显示"command not found"或类似的错误消息，则意味着 Java 尚未安装。

然后，下载 JDK。

在 macOS 设备上安装 Java，需要下载并安装 JDK（Java Development Kit）。JDK 包含 Java 编译器、运行时环境和其他必要的工具。

用户可以按照以下步骤下载 JDK。

（1）打开浏览器，搜索并访问 Oracle 官方网站。

（2）依次选择"产品"标签，在"产品"选项卡中，单击 Java，如图 H-1 所示，即可进入 Java 产品介绍页面。

图 H-1 单击 Java

（3）在 Java 产品介绍页面中，单击"Oracle Java SE 平台"链接，如图 H-2 所示。

图 H-2　单击"Oracle Java SE 平台"链接

（4）在新打开的页面中，找到 Java Platform,Standard Edition 8（或其他可用版本），单击下方的 Download 按钮，下载 Java 8，如图 H-3 所示。

图 H-3　下载 Java 8

（5）在新打开的页面中，选择适用于 macOS 设备的安装包，并下载最新版本的 JDK，如图 H-4 所示。

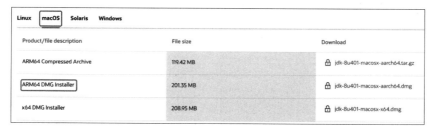

图 H-4　选择安装包

注意，因为笔者的计算机采用的是 M1 芯片，属于 ARM64 架构，所以下载了第二个安装包。

最后，安装 JDK。

用户可以按照以下步骤在 macOS 设备上安装 JDK。

（1）打开下载的 JDK 安装包。

（2）双击 PKG 文件，启动安装向导。

（3）根据安装向导的指示，完成 JDK 的安装。

（4）在 Terminal 中，输入以下命令，并按 Enter 键。

```
% java -version
java version "1.8.0_401"
Java(TM) SE Runtime Environment (build 1.8.0_401-b10)
Java HotSpot(TM) 64-Bit Server VM (build 25.401-b10, mixed mode)
```

若显示 Java 版本，说明 Java 安装成功。

注意事项如下。

- Java 存在不同的版本，用户应该根据自己的需求（不同 Appium 的版本需要对应不同的 Java 版本）选择适合的版本进行下载和安装。

- 随着时间的推移，Appium 会发布新的版本，Java 也会发布新的更新和修补程序。大家不要一味追求使用新的 Java 版本，以避免出现和 Appium 不兼容的情况。